FORSCHUNGSBERICHTE
DES WIRTSCHAFTS- UND VERKEHRSMINISTERIUMS
NORDRHEIN-WESTFALEN

Herausgegeben von Ministerialdirektor Dipl.-Ing. L. Brandt

Nr. 30

Gesellschaft für Kohlentechnik m. b. H., Dortmund-Eving

Kombinierte Entaschung und Verschwelung von Steinkohle
Aufarbeitung von Steinkohlenschlämmen
zu verkokbarer oder verschwelbarer Kohle

Als Manuskript gedruckt

WESTDEUTSCHER VERLAG / KÖLN UND OPLADEN

1953

ISBN 978-3-663-03699-9   ISBN 978-3-663-04888-6 (eBook)
DOI 10.1007/978-3-663-04888-6

Forschungsberichte des Wirtschafts- und Verkehrsministeriums Nordrhein-Westfalen

G l i e d e r u n g

1. Aufgabenstellung .... S. 5
    Entstehung, Zusammensetzung der Steinkohlenschlämme .. S. 5
    Steinkohlenaufbereitung .... S. 5
    Ältere Verfahren zur Entaschung von Steinkohlenschlamm . S. 8

2. Entwicklung des Phasenumkehrverfahrens (Convertol-Verfahren) S. 9
    Grundsätzliche Untersuchungen über die Umbenetzung (Phasenumkehr) von Steinkohlenschlämmen .... S. 11
    Umbenetzung mit der Knetpumpe .... S. 14
    Abtrennung und Entwässerung der ölbenetzten Kohle ... S. 16
    Die Siebschleuder und ihre Arbeitsweise .... S. 17
    Zusammenhänge zwischen Schleuderkennziffer und Entwässerungsleistung .... S. 18
    Umbenetzung und Trennung unter Verwendung von Knetpumpe und Siebschleuder (Convertol-Verfahren) .... S. 22
    Vergleich anderer Aufbereitungsverfahren mit dem Convertol-Verfahren .... S. 23
    Erklärung des Trennvorganges .... S. 23
    Einfluß der Berge auf die Umbenetzung .... S. 25
    Die Tone und ihr kolloidchemisches Verhalten .... S. 25
    Messung der Sinkgeschwindigkeit .... S. 27
    Auswahl und Menge der Öle .... S. 28
    Wassergehalt der Schlämme .... S. 29
    Auswahl der Siebe .... S. 33
    Die Umbenetzung dünnflüssiger Schlämme .... S. 35
    Umbenetzung mit der Pralltellermühle .... S. 36

3. Versuchsanlage auf der Zeche Hannover .... S. 36
    Versuchsergebnis mit Kohlenschlämmen verschiedenen Inkohlungsgrades .... S. 37
    Entwässerung und Verwertung der Bergeschlämme .... S. 41

4. Schwelversuche mit ölbenetzter Kohle .... S. 42
    Schwelversuche .... S. 43

Forschungsberichte des Wirtschafts- und Verkehrsministeriums Nordrhein-Westfalen

1. Aufgabenstellung

Im Jahre 1948 wurde von den verschiedensten Stellen die Frage geprüft, ob die stilliegende Schwelanlage des Krupp'schen Treibstoffwerkes in Wanne-Eickel wieder in Betrieb genommen werden könne und auf welche Weise diese Anlage wieder nutzbringend in den Produktionsprozeß einzugliedern wäre. In der damaligen Zeit der wirtschaftlichen Notlage, der Demontage und der außerordentlichen Brennstoffknappheit mit den bis heute fortbestehenden hohen Kohlenpreisen war es nicht tragbar, diese Anlage in der üblichen Arbeitsweise mit teurer Feinkohle als Einsatzgut wirtschaftlich weiterzubetreiben. Um einen Ausweg aus dieser Zwangslage zu finden, schlug Dr. REERINK von der Deutschen Kohlenbergbau-Leitung vor, zu prüfen, ob aus Steinkohlenschlämmen trotz ihres hohen Wasser- und Aschengehaltes eine geeignete Schwelkohle gewonnen werden kann. Die Schlämme stehen im allgemeinen in erheblicher Menge zur Verfügung und sind wegen ihres hohen Wasser- und Aschengehaltes nur in Zeiten großer Brennstoffknappheit absetzbar. Die Eigenverwertung im Betrieb verteuert sich durch die schwierige Handhabung beim Transport und die kostspieligen Anlagen, die dazu notwendig sind. Eine Aufarbeitung der Schlämme mit den bis dahin bekannten Verfahren zur Senkung des Wasser- und Aschengehaltes, namentlich bei Kohlen mit hohem Gehalt an flüchtigen Bestandteilen, wie sie für die Schwelung in Frage kommen, ist wegen des Tongehaltes nicht möglich.

Entstehung, Zusammensetzung der Steinkohlenschlämme

Die Steinkohlenschlämme entstehen durch den Abrieb, den die Kohle und die begleitenden Gesteinsbestandteile beim Gewinnen, Transport und der Aufbereitung erfahren. Es ist vorteilhaft, an dieser Stelle einen Überblick über die Behandlung der geförderten Rohkohle bis zum fertigen Verkaufsprodukt zu geben.

Steinkohlenaufbereitung

Das dargestellte Fließbild (Abb. 1) zeigt den Weg der Kohle vom Schacht über die Klassierung und Aufbereitung bis zur Verladung. Es ist der Schnitt durch eine übliche Kohlenwäsche des Ruhrgebietes. Die Kohle kommt vom Schacht her in Förderwagen und fällt in den Rohkohlenturm. Sie wird anschließend bei 80 mm abgesiebt. Das grobe Gut läuft über Lesebänder, wo die Grobberge aus der Stückkohle entfernt werden. Das Gut unter 80 mm

Forschungsberichte des Wirtschafts- und Verkehrsministeriums Nordrhein-Westfalen

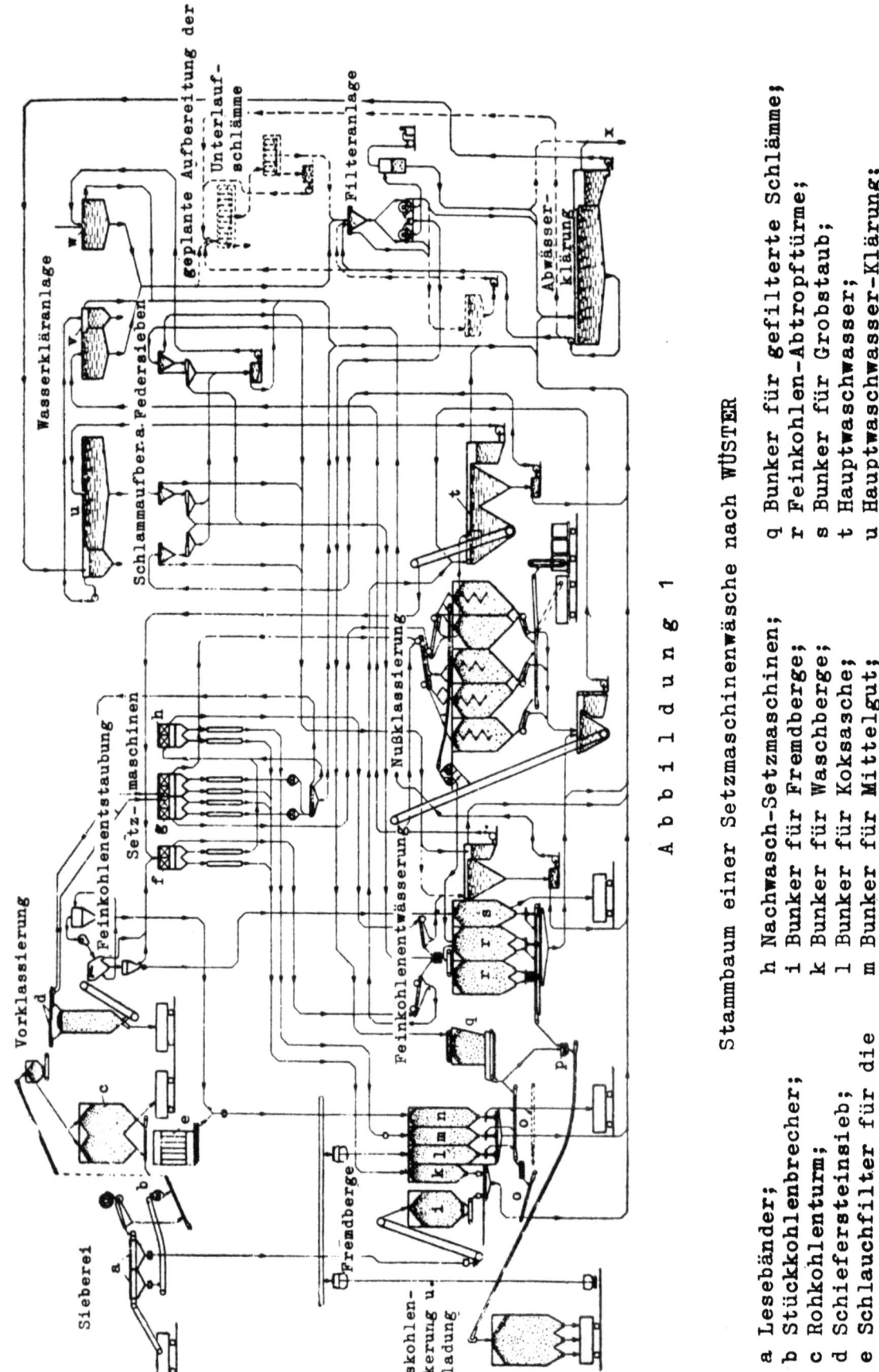

Abbildung 1

Stammbaum einer Setzmaschinenwäsche nach WÜSTER

a Lesebänder;
b Stückkohlenbrecher;
c Rohkohlenturm;
d Schiefersteinsieb;
e Schlauchfilter für die Raumentstaubung;
f Feinkorn-Setzmaschinen;
g Grobkorn-Setzmaschinen;
h Nachwasch-Setzmaschinen;
i Bunker für Fremdberge;
k Bunker für Waschasche;
l Bunker für Koksasche;
m Bunker für Mittelgut;
n Bunker für Feinstaub;
o Staub nach dem Kesselhaus;
p Kokskohlen-Mischanlage;
q Bunker für gefilterte Schlämme;
r Feinkohlen-Abtropftürme;
s Bunker für Grobstaub;
t Hauptwaschwasser;
u Hauptwaschwasser-Klärung;
v Nachwaschwasser-Klärung;
w Eindicker der Unterlaufschlämme;
x Geklärtes Wasser zur Vorflut.

geht zur Sieberei und wird bei 1o mm Rohwaschkohle und Rohfeinkohle getrennt. Die Rohwaschkohle durchläuft direkt die Setzmaschinen, wobei die Berge durch ihre größere Sinkgeschwindigkeit von der gewaschenen Kohle ausgesondert werden. Diese wird anschließend in Kesselkohle und Nußkohle der verschiedenen Sorten klassiert. Bevor die Rohfeinkohle auf die Feinkornsetzmaschine gelangt, durchläuft sie den Windsichter zur Entfernung des trockenen Staubes. Bei dem Waschvorgang werden nun die feinen Kohle- und Gesteinsbestandteile von der gröberen Kohle abgewaschen und gehen so in den Waschwasserkreislauf, aus dem sie entfernt werden müssen, da sonst eine Eindickung des Waschwassers erfolgt. Dies ist das schwierigste Problem in allen Wäschen des Kohlenbergbaus. Es gelingt bisher nur sehr schwer und stets unvollkommen, diese feinen Schwebestoffe durch Naßsiebung, Filterung oder eine umfangreiche Klärteichwirtschaft aus dem Waschwasser auszuscheiden. In allen Fällen fallen sie in Schlammform mit hohem Wasser- und Aschengehalt an.

Die Schlämme stellen ihrer Natur nach ein inniges Gemenge von Kohle- und Bergeteilchen, wie Quarz, Sandstein, Tonschiefer oder Pyrit dar, das durch die tonigen Bestandteile verklebt ist. Je feiner und je toniger die Schlämme sind, um so schwerer lassen sie sich aus dem Waschwasser entfernen und um so mehr Wasser halten sie zurück. Es gibt Kläranlagen im Ruhrgebiet, wo es über ein Jahr dauert, bis der Kohlenschlamm stichfest wird.

Tabelle 1

Siebanalysen verschiedener Steinkohlenschlämme

Siebgröße	Gew.%	Asche %	Gew.%	Asche %	Gew.%	Asche %
>1 mm	o,3	23,3	3,6	4,2	-	-
o,5	11,9	15,3	3,4	4,1	o,1	19,9
o,3	25,2	13,4	7,o	6,8	o,6	5,1
o,2	16,8	16,8	8,2	12,o	1,4	4,1
o,1	19,1	21,2	15,2	18,9	3,9	4,4
o,o75	6,2	21,6	7,5	26,8	4,8	4,1
o,o6	4,2	21,9	6,9	24,6	5,8	3,4
<o,o6	16,3	3o,5	48,2	48,7	83,4	25,5
	1oo,o	19,4	1oo,o	31,9	1oo,o	21,9

In der Tabelle 1 ist eine Übersicht über verschiedene Kohlenschlämme des Ruhrgebietes nach Korngröße und Aschengehalt der Siebfraktionen gegeben. Alle Schlämme zeigen ein verschiedenes Bild. Es läßt sich nur sagen, daß im allgemeinen der Aschengehalt mit der Feinheit des Schlammes zunimmt. Die Menge des anfallenden Schlammes ist auch auf jeder Schachtanlage verschieden. Sie hängt von der Härte der geförderten Kohle und von der jeweiligen Behandlung der Kohle bei Transport und Aufbereitung ab. Neben Anlagen mit wenig Schlammanfall stehen solche, bei denen der Anfall von Sichterstaub und Schlammkohle bis zu 12 % der Gesamtförderung ausmacht.

T a b e l l e   2

Anteil der Rohfeinkohlenschlämme an der Gesamtrohkohlenförderung

Jahr	Menge in t	%-Anteil an der Rohförderung
1949	1 460 000	1,1
1950	1 500 000	1,05
1951	2 100 000	1,36

In der Tabelle 2 ist eine Übersicht über den Rohschlammanfall an der Gesamtrohkohlenförderung für die drei letzten Jahre gegeben. Bei der Auswertung dieser Tafel ist zu beachten, daß darin nur die Schlammkohlenmengen erfaßt sind, die zum Verkauf gelangten. Da auf allen Schachtanlagen das Bestreben besteht, Schlammkohle in der Feinkohle zurückzuhalten, liegen die wirklich vorhandenen Mengen an Schlammkohle auf jeden Fall bedeutend höher. Sichere Angaben darüber existieren nicht.

Das Problem des großen Schlammanfalles auf einigen Ruhrzechen ist aber noch ernster zu nehmen, da der Anteil von Kohle unter 0,5 mm im Wachsen begriffen ist. Durch die fortschreitende Mechanisierung wird der Abrieb der Kohle größer, und weiter wird durch das Stoßtränk- und Berieselungsverfahren zur Staubbekämpfung die geförderte Rohkohle feuchter, so daß die Sichtung und Entstaubung vor der eigentlichen Wäsche versagt. Beide Faktoren lassen ein Ansteigen des Feinkornanteils an der Gesamtkohlenförderung in Form von Kohlenschlamm verständlich erscheinen.

Ältere Verfahren zur Entaschung von Steinkohlenschlamm

Es hat in der Vergangenheit nicht an Versuchen gefehlt, diese wachsenden Schlammengen nach üblichen Aufbereitungsverfahren zu brauchbaren Produkten aufzuarbeiten. Sie gehen meistens darauf hinaus, aus den Schlämmen das gröbere Korn durch Absieben, Filtern oder Schleudern zu gewinnen und erzeugen neben wenig brauchbarem Gut noch erhebliche Mengen feinster Schlämme. Sie verlegen das Problem des Entaschens und Entwässerns also nur noch weiter nach der Seite des feinsten Gutes. Die Flotation dieser Schlämme hat sich nicht durchsetzen können, da sie bei Kohlen, die viel Ton enthalten, nicht befriedigt. Auch liefert sie Konzentrate, die hoch wasserhaltig sind, also noch getrocknet werden müssen. Weiter werden große Wassermengen gebraucht, und die Abgänge an Bergen sind nicht kohlefrei.

Im ersten Viertel dieses Jahrhunderts wurden in Amerika und England schon Versuche durchgeführt, durch Einbringen von Öl in verdünnte Kohlenschlämme eine Trennung der Kohleteilchen vom Wasser und den begleitenden Bergen durchzuführen[1]. In der sehr dünnflüssigen Mischung bilden sich beim Rühren Kohle-Öl-Agglomerate von Haselnußgröße, die mechanisch abgesiebt werden. Diese Verfahren zeigen aber bei der technischen Durchführung soviel Schwächen, daß man ihre Anwendung aufgegeben hat.

2. Entwicklung des Phasenumkehr-Verfahrens (Convertol-Verfahren)

Deshalb beschloß man bei Inangriffnahme des Problems auf der hiesigen Versuchsanlage, ganz andere Wege einzuschlagen. Man ging von den Erfahrungen aus, die die I.G. während des Krieges bei der Verarbeitung namentlich von Braunkohle gesammelt hat[2]. Bei diesen Arbeiten handelt es sich im wesentlichen um die Feststellung, daß man durch Kneten von in Wasser suspendierter Braunkohle mit viel Öl zu der sogenannten "Phasenumkehr" kommt. Die Kohle wird durch dauerndes Kneten mit Öl benetzt, also hydrophob gemacht. Dabei kommt es zu einer Trennung von den hydrophil gebliebenen Bergebestandteilen, die die Neigung behalten, in der wässrigen Phase zu verbleiben (s. Abb. 2).

---

[1] A.P. 763 260 A.E. CATHERMOLE, D.R.P. 431 200)
A.P. 763 859 J.D. DARLING,   423 381)   TRENT
                                      423 382)

[2] D.R.P. 676 045, 686 980, 690 829, 690 831 (I.G. Farbenindustrie),
D.R.P. 692 683 (S. KIESSKALT, H. TAMPKE, E. WEINGÄRTNER, K. WIENACKER).

Forschungsberichte des Wirtschafts- und Verkehrsministeriums Nordrhein-Westfalen

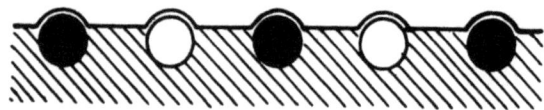
Kohle und Bergeteilchen eines Kohlenrohschlammes an der Grenze Schlammtrübe - Luft.
Alle Teilchen von der gemeinsamen Wasserhaut umschlossen.

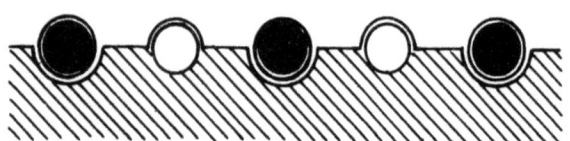
Durch ihre Ölbenetzung sind die Kohleteilchen wasserabweisend geworden. Sie sind jetzt abtrennbar, da sie das Bestreben haben, aus der wässerigen Phase herauszutreten.

A b b i l d u n g 2

Schematische Darstellung der Umbenetzung von Kohlenschlämmen

Der Arbeitsprozeß spielt sich dabei während der ganzen Zeit im plastischen Zustand des Gutes ab, und gleichzeitig kann durch dieses Kneten und durch die Ölbenetzung der Kohle das Oberflächenwasser von der Kohle abgedrängt werden. Diese Arbeitsweise hat den Nachteil eines sehr hohen Ölverbrauches.

Grundsätzliche Untersuchungen über die Umbenetzung (Phasenumkehr) von Steinkohlenschlämmen

Trotzdem lehnten sich die ersten Arbeiten, die auf der hiesigen Versuchsanlage durchgeführt wurden, an diese Methode an. In kleinstem Maßstabe wurden Entaschungsversuche mit Steinkohlenschlämmen in einem WERNER & PFLEIDERER-Universalknetapparat mit einem Inhalt von 1 Ltr. gemacht. Als Kohlenschlamm wurde dabei zunächst ein Haldenschlamm der Zeche Graf Bismarck in Gelsenkirchen verwendet, der außerordentlich feinkörnig war und schon sehr lange lagerte. Man ging also bewußt von einem Produkt aus, das außergewöhnliche Schwierigkeiten für die Aufbereitung bietet. Als Ölkomponente diente für diese ersten Versuche ein Erdöl-Topprückstand der Deutschen Erdöl-Aktiengesellschaft in Wietze mit folgenden Eigenschaften:

D_{20} = 0,932
Viskosität (50°) 21,0°E
Viskosität (100°) 2,85°E
Flammpunkt: 173°C; Stockpunkt: 48°C
Paraffingehalt: 7,6 %, EP 52°
Hartasphalt: 0,66 %
Wassergehalt: 0,2 %

Siedeanalyse:

Bis 280°C 2,7 %
300 15,0 %
320 40,0 %
340 89,0 %

Bei diesen ersten Tastversuchen zeigte es sich, daß die Geschwindigkeit der Umbenetzung sehr vom Wassergehalt des Schlammes abhängig war. Waren die Schlämme zu dünnflüssig, so ließ sich in den Knetapparaten auch mit der größten Ölmenge die Phasenumkehr nicht erreichen. Es bildete sich lediglich eine Öl-Wasser-Suspension.

Wie aus der Tabelle 3 hervorgeht (Versuche A 2 bis A 7), ist die Umbenetzung bei dem gewählten Verhältnis von Trockenschlamm : Öl noch sicher zu erreichen, wenn der Wassergehalt des Schlammes maximal 60 % beträgt.

Tabelle 3

Vers. Bez.	H₂O bez. auf Tr.-Schlamm %	Verh. Tr.-Schlamm zu Öl 1:	Asche tr. im Roh-Schl. %	Ausgetr. Berge bez. auf Eins.Tr. Schlamm %	Asche-gehalt der Berge %	Asche tr. im entascht. Trock. Schl. %	Paste tr. Zusetzg. Trock. Schl. %	Öl %	Wasch-wasser-menge Ltr.	Zusatz an NaOH (45%ig) cm³	Ent-aschungs-grad %
A 3	70	0,6	22,7	Versuch abgebrochen wegen Suspensionsbildung							
A 2	60	0,6	22,7	14,7	84,9	10,4	58,8	41,2	2	1,5	54,2
A 4	50	0,6	22,7	14,7	84,6	8,3	58,8	41,2	2	1,5	63,4
A 5	40	0,6	22,7	15,2	83,6	7,3	58,5	41,5	2	1,5	67,8
A 6	30	0,6	22,7	17,7	79,8	7,1	57,8	42,2	2	1,5	67,8
A 7	23	0,6	22,7	25,7	67,0	6,9	55,3	44,7	2	1,5	69,5
A 8	30	0,6	18,3	17,0	86,4	4,7	58,1	41,9	1,5	1	74,2
A 9	40	0,6	18,3	16,5	84,7	4,6	58,2	41,8	1,5	1	74,8
A 10	50	0,6	18,3	16,0	75,7	4,6	58,3	41,7	1,5	1	74,8
A 11	60	0,6	18,3	27,4	47,8	4,4	54,7	45,3	1,5	1	75,8
A 12	30	0,4	18,3	14,7	85,3	4,8	68,1	31,9	1,5	1	73,7
A 13	30	0,5	18,3	15,0	85,4	5,1	63,0	37,0	1,5	1	72,0
A 14	30	0,45	18,3	15,0	82,3	5,2	65,4	34,6	1,5	1	71,6
A 16	30	0,5	17,9	14,4	83,8	4,6	63,2	36,2	2	1	74,2
A 17	40	0,5	17,9	17,3	72,7	3,9	62,3	37,7	2	1	78,1
A 18	40	0,5	17,9	14,5	83,6	6,8	63,1	36,9	1,8	1	62,0
B 4	40	0,5	17,9	18,1	76,8	4,7	62,1	37,9	7	3	72,6

Forschungsberichte des Wirtschafts- und Verkehrsministeriums Nordrhein-Westfalen

Weitere Versuche wurden nun mit einem frischen Teichschlamm gemacht, der in größerer Menge jeweils vorher homogenisiert worden war, um ein einheitliches Versuchsmaterial zu erhalten. Auch für diesen Schlamm bestätigt sich die oben skizzierte Beobachtung (Versuche A 8 bis A 11), daß der Ausgangswassergehalt des Rohschlammes bis zu 60 % betragen darf, ohne daß Schwierigkeiten bei der Entaschung im eigentlichen Knetprozeß auftreten. Gleichzeitig zeigen die Zahlen für die Aschengehalte, daß in dem Bereich der verschiedenen Wassergehalte praktisch gleich hohe Aschengehalte im entaschten Schlamm (ölfrei) erhalten werden.

In einem weiteren Versuchsabschnitt (Versuch A 12 bis A 14) haben wir geklärt, wie weit für das benutzte Öl der Ölzusatz gesenkt werden kann und ferner, ob dadurch der Entaschungseffekt leidet.

Wie aus den entsprechenden Zahlen der Zusammenstellung hervorgeht, ist der Entaschungseffekt im untersuchten Bereich praktisch unabhängig von der zugesetzten Ölmenge; denn die Aschengehalte der entaschten Kohle sind praktisch gleich (5,8 - 5,2 %). Die ausgebrachten Aschenmengen liegen zwischen 73,7 und 71,64 % der Ausgangsaschenmengen des trockenen Schlammes, oder anders ausgedrückt: Rund 73 % der im Ausgangsschlamm enthaltenen Aschen werden durch diese Aufbereitung mit Hilfe von Öl entfernt.

Für diesen kleinen Kneter müssen rund 40 Teile Öl der bezeichneten Art auf 100 Teile Trockenschlamm angesetzt werden, da sonst keine Umbenetzung mehr eintritt.

Bei diesen ersten Versuchen kam zeitweilig der Gedanke auf, ob man nicht derartige Schlämme aufbereiten bzw. enttonen könne lediglich durch einen einfachen und deshalb billigeren Siebvorgang. Um diese Frage eindeutig zu klären, wurde der Schlamm auf einem Sieb mit einer Maschenweite von 0,06 mm = 10 000 Maschen/cm^2 abgebraust. Dabei sollten erwartungsgemäß nur die Tone bzw. die feinsten Bergeteilchen das Sieb passieren, die tonfreie Kohle aber als Siebrückstand abgetrennt werden. Überraschenderweise gingen aber 90,65 % des Schlammes durch das Sieb, womit bewiesen ist, daß für so feinkörnige Schlämme eine Entaschung nur mit Hilfe des Umbenetzungsverfahrens möglich ist.

Im einzelnen ergab sich folgendes Bild:
    Gut über 10 000 Maschen/cm^2 9,35 % mit 11,7 % Asche
    Gut unter 10 000 Maschen/cm^2 90,65 % mit 28,0 % Asche.

Bei diesen Arbeiten entstanden Endprodukte mit zwar niedrigem Aschengehalt aber von pastenförmigem Charakter. Derartige Stoffe lassen sich aber technisch nicht handhaben, da sie weder gepumpt noch geschaufelt werden können.

Grundsätzlich ergab sich aber aus diesen Arbeiten, daß man mit Hilfe von Öl eine Entaschung von Kohlenschlämmen vornehmen kann, wie das die I.G. mit Braunkohle in ähnlicher Weise gemacht hat, mit dem Unterschied allerdings, daß Braunkohle mit hohem Ölgehalt wegen ihrer großen Oberfläche trockener erscheint und besser zu handhaben ist. Sollten also diese Arbeiten zu einem technischen Erfolg führen, so mußte der Ölgehalt so weit gesenkt werden, daß als Endprodukt ein rieselfähiges und verhältnismäßig trockenes Gut anfällt, das keine Transportschwierigkeiten bereitet.

In der Richtung durchgeführte Versuche gaben folgendes Bild: Man kann bei Steinkohlenschlämmen mit Ölgehalten von 3-15 % auskommen, unter der Voraussetzung, daß der Ausgangsschlamm Wassergehalte in der Größenordnung von 30-40% aufweist.

Umbenetzung mit der Knetpumpe

Um diese Versuche in einem größeren Maßstabe und kontinuierlich durchführen zu können und nicht mehr chargenweise, wie bei den kleinen Laboratoriumsknetern, wurden Versuche mit Knetpumpen der Firma LEISTRITZ in Nürnberg gemacht. Diese Knetpumpen sind, wie die schematische Abbildung 3 zeigt, Schraubenpumpen, bei denen das aufgegebene Gut durch die beiden ineinander eingreifenden Schraubenspindeln nicht nur gefördert, sondern auch aufs innigste gemischt und geknetet wird. In diesen Maschinen läßt sich die Umbenetzung eines noch gerade pastenförmigen Kohlenschlammes mit Öl sehr gut erreichen. Die weiteren Untersuchungen haben wir deshalb unter Verwendung dieser LEISTRITZ'schen Knetpumpe durchgeführt.

Dazu wenden wir den folgenden Verfahrensgang an:
Steinkohlenschlamm mit einem Wassergehalt von 30-40% wird zunächst in einem WERNER-PFLEIDERER-Mischer mit Öl vorgemischt und anschließend dieses Gut durch Behandlung in der Knetpumpe zur Umbenetzung gebracht. Das Austragsgut dieser Knetpumpe ist dabei eine verhältnismäßig trockene und krümelige Masse.

Im Gegensatz zu den alten Verfahren, die bei der Kohlenschlammentaschung Agglomeratbildung anstreben, wird bei unseren Versuchen diese krümelige Masse in Wasser aufgenommen und durch einen Laboratoriumsrührer oder noch

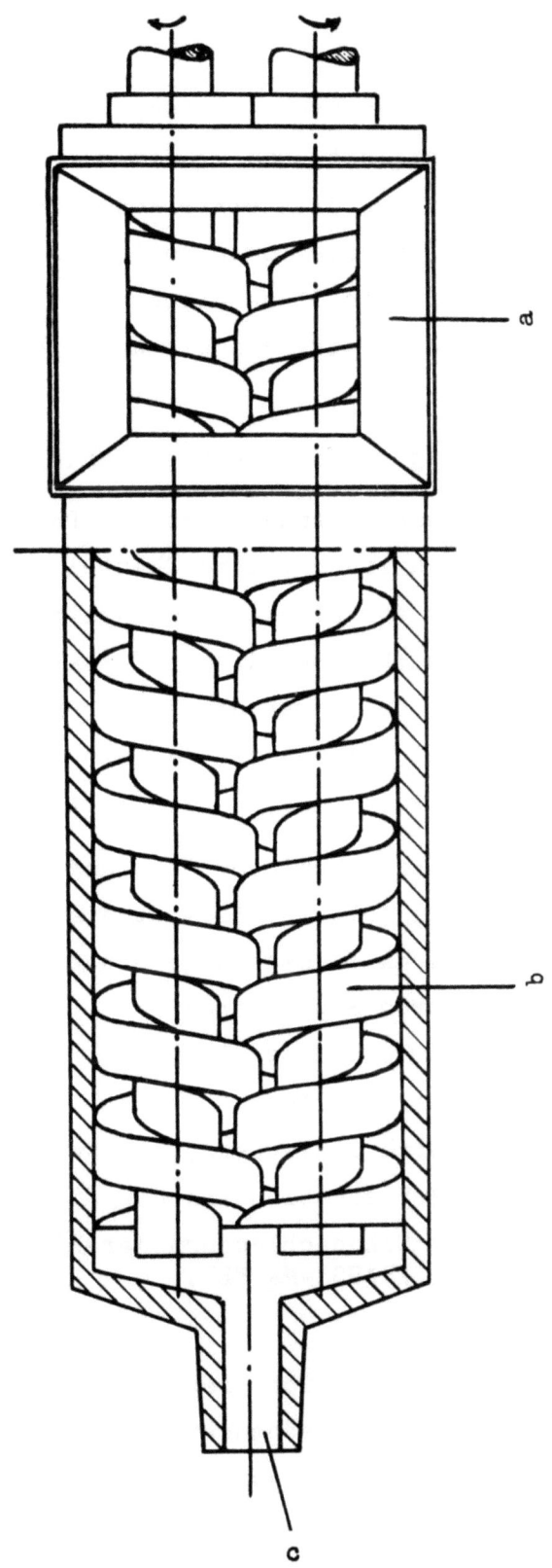

Abbildung 3: Knetpumpe

a Aufgabe des Gutes
b Schraubenspindeln
c Austritt des gekneteten Gutes

besser mit Hilfe einer Laboratoriums-Teutonia-Mühle aufgerührt bzw. aufgeschlagen und dadurch dispergiert. Man erhält durch diese Maßnahme eine bessere Dispersion, in der die ölbenetzte Kohle in feinster Verteilung neben den wasserbenetzten Bergeteilchen vorliegt. Eine weitere Aufgabe ist es also, den Weg zu finden, wie diese Dispersion in ölhaltige, möglichst trockene Kohlesubstanz und Wasser, das die hydrophilen Berge enthält, getrennt werden kann.

Abtrennung und Entwässerung der ölbenetzten Kohle

Der primitivste Weg zu dieser Trennung ist das Durchgießen und Durchpressen dieser Dispersion durch einen Leinwandbeutel. Diese Trennung geht dabei verhältnismäßig leicht vor sich, im Gegensatz zu ungeölten und unbehandelten Schlämmen, die sich durch diesen Filtersack kaum entwässern lassen und wobei gleichzeitig das abgehende Wasser hohe Gehalte an Kohle aufweist. Dieses Verhalten ist der Beweis, daß die Ölung des Kohlenschlammes, insbesondere für seine Entwässerung, notwendig ist.

Für die technische Durchführbarkeit der Trennung der bergehaltigen Kohle-Öl-Wasser-Dispersion wurden folgende Wege studiert:

1. durch feinmaschige Siebe
2. durch Separatoren
3. durch Hydrozyklone
4. durch Filter
5. durch Schleudern, und zwar
    a) Siebschleudern der Firma SIEBTECHNIK
    b) Schubschleudern der Firmen ESCHER-WYSS und KRAUSS-MAFFEI.

Zu 1:

Es liegt nahe, gewöhnliche Vibrationssiebe mit Siebbelägen feinster Maschenweite zu benutzen. Bei den entsprechenden Versuchen zeigt sich aber, daß eine Trennung der ölhaltigen Kohle vom Bergewasser nicht gelingt, weil sich derartige Siebe mit der nötigen Feinmaschigkeit infolge des Ölgehaltes sehr schnell zusetzen und deswegen keine Trennung zulassen.

Zu 2:

Man könnte diesen Trenneffekt mit Separatoren versuchen, wie sie die Firma RAMESOHL & SCHMIDT AG. in Oelde i.W. z.B. für die Abtrennung von Wasser aus Ölen baut. Entsprechende Versuche verliefen aber negativ, weil die Tone der Steinkohlenschlämme die feinen Düsen der Separatoren in kürzester Zeit verstopfen. Daher mußte leider auch auf diesen Weg verzichtet werden.

Zu 3:
Es erscheint nicht aussichtslos, auch die Hydrozyklone für diesen Trennvorgang heranzuziehen, in denen üblicherweise Stoffe in flüssiger Phase unter Druck nach dem Gewicht der Teilchen getrennt werden. Entsprechende Versuche bei der Firma WESTFALIA-DINNENDAHL-GRÖPPEL-AG. in Bochum haben aber ein negatives Ergebnis erbracht.

Zu 4:
Filtrationsversuche haben wir zunächst in kleinem Maßstab bei der Firma IMPERIAL in München durchgeführt. Die Ergebnisse sind durchaus positiv. Zwar ist der Entaschungseffekt nur bei dünnen Filterschichten zu erreichen, die Leistung für technische Filter ist aber je m^2 und h nicht befriedigend hoch genug und außerdem können nur Endprodukte erhalten werden, deren Wassergehalte günstigstenfalls in der Größenordnung von 18 bis 25 % liegen.

Zu 5:
Die günstigsten Ergebnisse werden mit Hilfe der Konturbex 1 der Firma SIEB-TECHNIK erzielt. In dieser Maschine, die etwa 400 Ltr./h durchzusetzen gestattet, gewinnt man Kohlenprodukte, deren Wassergehalte je nach Korngröße und Natur der Berge zwischen 8 und 15 % liegen. Vergleichsversuche auf anderen Schleuderbauarten, z.B. den Schubschleudern der Firmen KRAUSS-MAFFEI und ESCHER-WYSS ergaben aber, daß auch diese Maschinen für den Trenneffekt grundsätzlich geeignet sind, daß aber deren Kraftbedarf und Kosten wesentlich höher liegen.

Die Siebschleuder und ihre Arbeitsweise

Hier ist es angebracht, eine kurze Beschreibung der Siebschleuder zu geben, die für das Verfahren eine so entscheidende Bedeutung erlangt hat. Das Trennorgan der Schleuder ist der mit 3 000 Touren umlaufende Siebkorb, in den ein Siebblech mit der gewünschten Sieblochweite auswechselbar eingesetzt werden kann. In dem Siebkorb läuft eine Austragschnecke in derselben Richtung, aber mit geringerer Drehzahl, um. Sie hat nur einen geringen Abstand von einigen zehntel Millimeter vom Siebblech, streicht den abgesiebten Feststoff ab und trägt ihn durch ihre geringe Drehzahl nach unten aus. Für das neu aufgegebene Gut ist so stets eine freie Siebfläche vorhanden. Das durch die Zentrifugalkraft abgeschleuderte Wasser schießt durch die Sieböffnung und geht in den Ablauf (Abb. 4).

Zusammenhänge zwischen Schleuderkennziffer und Entwässerungsleistung

Die Entwässerung der Feststoffe auf der Siebschleuder ist, wie leicht zu ersehen ist, abhängig von der Zentrifugalkraft, die dabei auftritt. Die mengenmäßige Durchsatzleistung pro Stunde wird dagegen im wesentlichen durch die Größe des Korbdurchmessers bedingt. Die Zentrifugalkraft P, die das Baumaterial der Schleuder beansprucht, errechnet sich nach der Formel

$$P = 0{,}000559 \cdot d \cdot n^2,$$

worin d der Abstand der sich drehenden Masse von der Drehachse (Radius des Siebkorbes) und n seine Drehzahl/Min. ist. Bezieht man die Zentrifugalkraft P auf 1 kg der umlaufenden Masse, so erhält man die Kennziffer der Schleuder. Sie ist im Schleuderbau ein Maß für die Entwässerungsleistung und die in den Maschinen auftretenden Kräfte.

Diese Überlegungen haben folgenden Sinn:

Beim Bau von Schleudern kann man ihre Größe und damit ihre Leistung bei gegebener Umdrehungszahl nicht beliebig vergrößern, da die Festigkeit des Materials hier rasch eine Grenze setzt. Die bisher größten Siebschleudern, wie sie zumeist für Zwecke der chemischen Industrie gebaut werden, haben eine Durchsatzleistung von 5 t Feststoff trocken in der Stunde. Dies ist für eine Einführung in den Bergbau zu gering, wo für den Dauerbetrieb mindestens eine solche von 15 bis 20 t pro Stunde verlangt wird. Die infrage kommenden Schleuderbau-Firmen erklärten, daß der Bau größerer Schleudern für das Convertol-Verfahren nur möglich sei, wenn Schleuderkennziffern unter 1000 - der bisherigen Grenze - genügen. Nur durch eine Herabsetzung der Drehzahl läßt sich dieses Ziel erreichen. Aus diesen Gründen haben wir auf unserem Versuchsstand auf der Zeche Langenbrahm mit einer inzwischen angeschafften Siebschleuder (Konturbex 1 der SIEBTECHNIK) eine Serie von sogenannten Standard-Schleuderversuchen bei den verschiedensten Umdrehungszahlen der kleinen Versuchsschleuder durchgeführt. Diese ergeben, wie die Kurve in Abb. 5 zeigt, daß noch bei Kennziffern von unter 1000 eine ausreichende Entwässerung des Feststoffes aus dem Convertol-Prozeß erreicht wird.

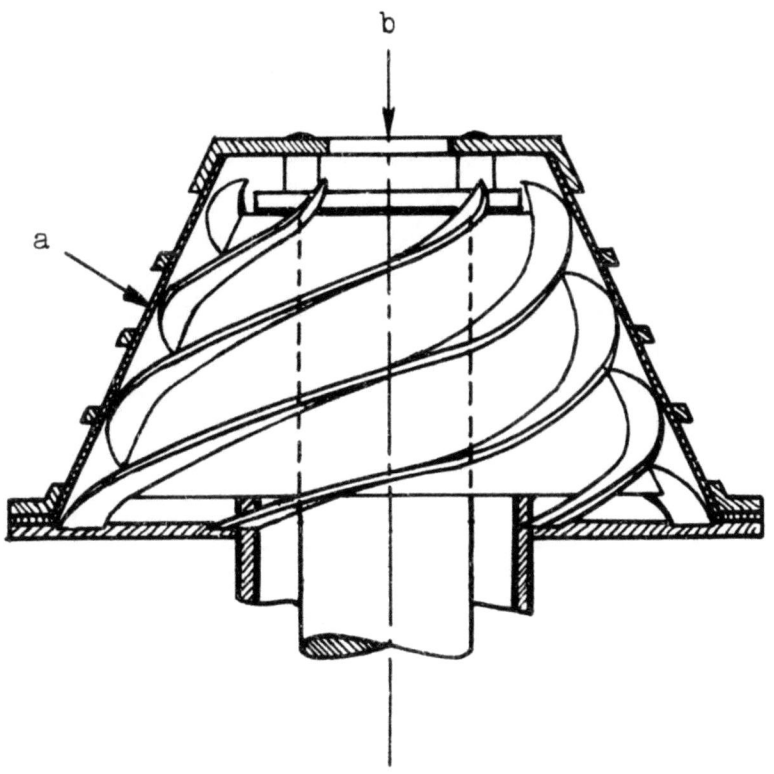

A b b i l d u n g 4

Schnitt durch den Siebkorb einer Siebschleuder mit Austragsschnecke

    a   auswechselbares Siebblech
    b   Aufgabe der umbenetzten Kohlenschlämme

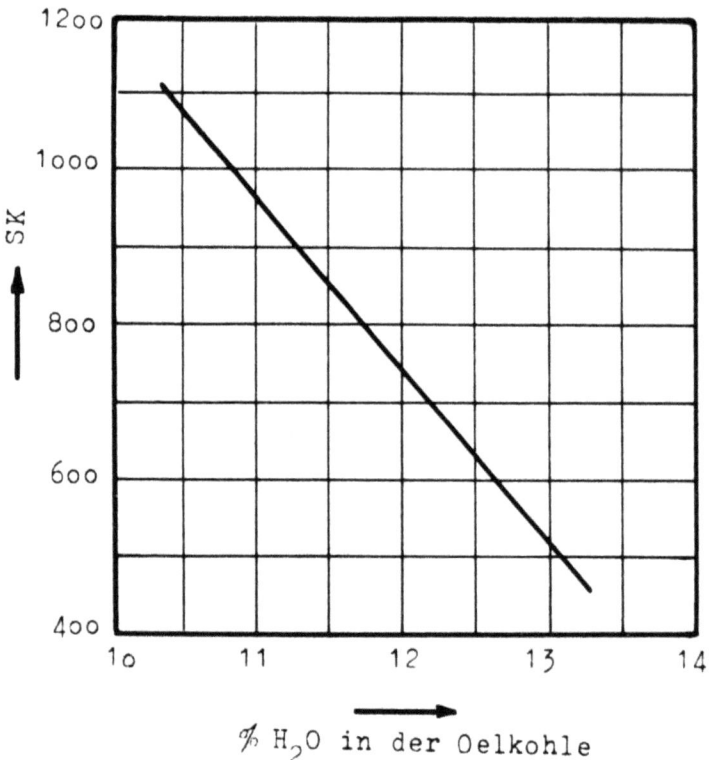

% H$_2$O in der Oelkohle

A b b i l d u n g 5

Darstellung der Abhängigkeit des Wassergehaltes in der Ölkohle von der Schleuderkennziffer S.K. (Auswertung von Standard-Schleuderversuchen)

       Der Wassergehalt des abgeschleuderten Gutes
       steigt von 1o,8 auf 12,5 an, wenn die Kenn-
       ziffer der angewandten Versuchsschleuder
       (Herabsetzung der Umdrehungszahl) von 1ooo
       auf 6oo sinkt

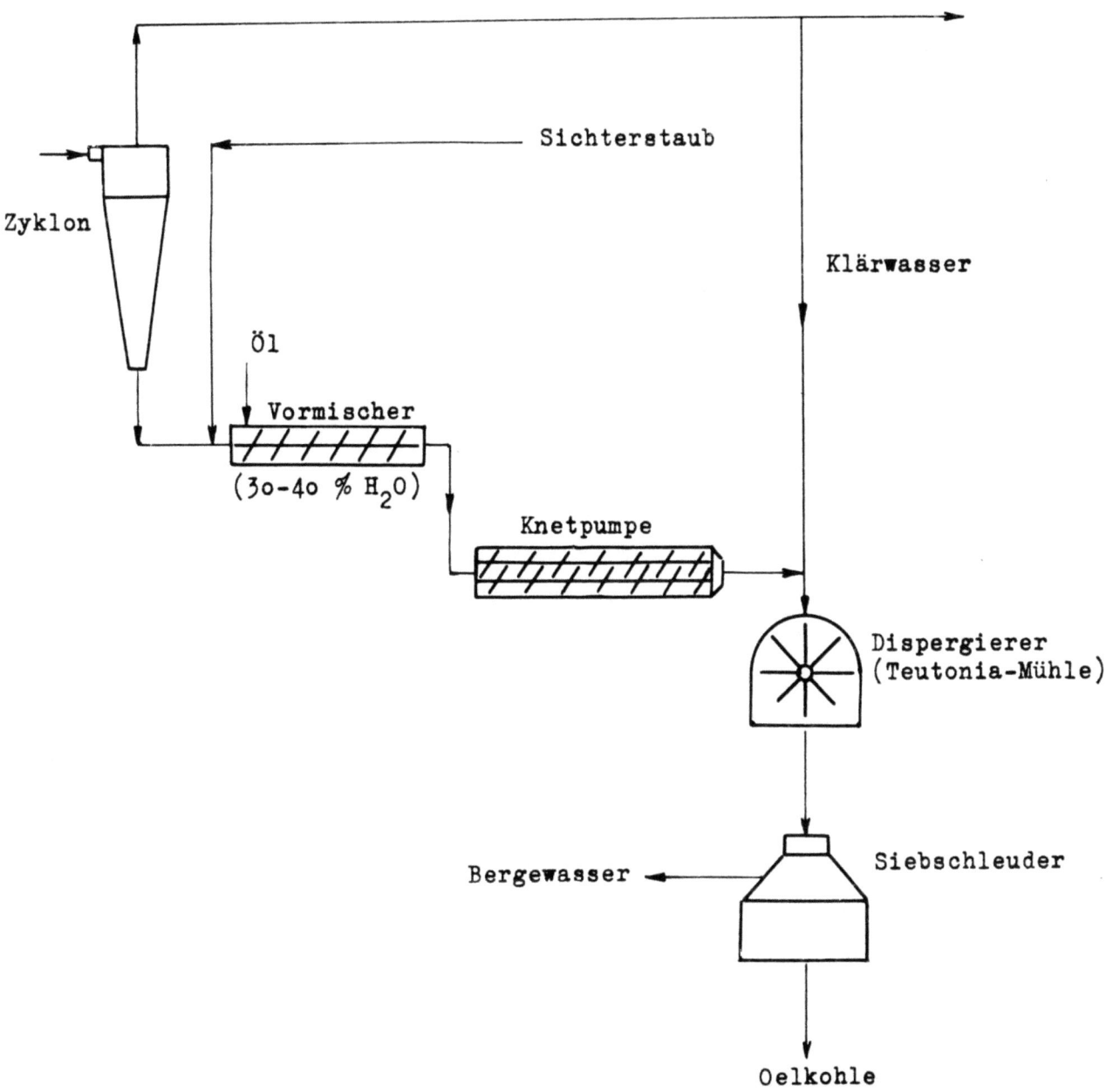

Abbildung 6

Verfahrensgang für die Umbenetzung (Convertol-Verfahren) von Rohkohlenschlämmen mit pastenförmiger Konsistenz

(Erste Planung für die Versuchsanlage auf der Zeche Hannover). Nach diesem Verfahrensgang werden die Standard-Schleuderversuche auf dem Versuchsstand Langenbrahm durchgeführt

Insgesamt ergibt sich aus diesen skizzierten Versuchsreihen, daß eine Entwässerung des Schlammes auf physikalischem Wege nur dann mit Erfolg technisch durchführbar ist, wenn gleichzeitig mit dem Wasser die größten Anteile vor allem an Ton entfernt werden; denn gerade der Ton ist es, der durch seine große Oberfläche und sein Quellungsvermögen die Entwässerung von Kohlenschlämmen so erschwert, daß z.B. in Wäschebetrieben des Ruhrbergbaus Filtrationsschlämme anfallen, deren Wassergehalt infolge des hohen Tongehaltes bis zu 30 % beträgt.

Umbenetzung und Trennung unter Verwendung von Knetpumpe und Siebschleuder (Convertol-Verfahren)

Bei allen diesen Versuchen haben wir folgendes Verfahrensschema angewandt: Wasserhaltiger Schlamm mit etwa 40 % Wasser wird mit Öl zunächst vorgemischt, dann in der Knetpumpe zur Umbenetzung gebracht, unter Zusatz von Wasser anschließend z.B. in der Teutonia-Mühle dispergiert und endlich wird diese Dispersion, in der also ölbenetzte Kohle und die Berge in Wasser äußerst fein dispergiert vorliegen, in einem Arbeitsgang durch eine Siebschleuder weitgehend vom Wasser, das die Berge enthält, befreit (siehe Abb. 6).

Auf diese Weise gelingt also eine Aufbereitung auch für feinste Kohlenschlämme, deren Entaschung namentlich bei hohem Tongehalt mit anderen Aufbereitungsverfahren Schwierigkeiten bereitet.

Mit dieser Verfahrensweise haben wir weiterhin gefunden, daß grundsätzlich alle Steinkohlenschlämme aufbereitet werden können, unabhängig von dem Inkohlungsgrad der darin enthaltenen Kohle. Hinsichtlich der Wirksamkeit des Verfahrens sind folgende Punkte wichtig:

1. Die Kohle muß genügend weit aufgeschlossen sein, d.h., Kohle und Berge müssen möglichst weitgehend voneinander getrennt vorliegen.

2. Berge können nur abgetrennt werden, wenn sie in einer Körnung vorliegen, die kleiner ist als die Öffnungen des Siebes der Schleuder.

Diese beiden Forderungen sind im allgemeinen bei den Ruhrkohlenschlämmen erfüllt, in soweit, als das feinste Gut durchweg den höchsten Aschengehalt aufweist. Bestehen aber die Schlämme lediglich z.B. aus feinen, kohlenstoffhaltigen Tonschiefern, so sind natürlich nur geringfügige Aschengehaltserniedrigungen möglich.

Forschungsberichte des Wirtschafts- und Verkehrsministeriums Nordrhein-Westfalen

Bei hochtonhaltigen Kohlenschlämmen, wie sie z.B. auf einigen Gasflammkohlenzechen anfallen, können auf obigem Wege die Aschengehalte der Schlämme von 20 auf 5-7 % in einem Arbeitsgang gesenkt werden, wobei die mit dem Wasser entfernten Berge Aschengehalte bis zu 90 % aufweisen. Derartige Berge sind aber praktisch kohlefrei, d.h. also, daß dieser Weg zur Aufbereitung von Schlämmen erstmalig Kohleausbringen erreichen läßt, wie sie mit keinem anderen Verfahren möglich sind.

Vergleich anderer Aufbereitungsverfahren mit dem Convertol-Verfahren

Dieses Verfahren nutzt also die unterschiedliche Benetzbarkeit der Kohle und Bergen in wässriger Phase gegenüber Öl aus, wie das z.B. in grundsätzlich ähnlicher Weise die Flotation, das Knetverfahren der IG-Farbenindustrie und das Verfahren von TRENT tun.

Zum Unterschied gegenüber diesen Verfahren wird aber hier ein Aufschwimmen von Kohle bewußt verhindert, die Berge werden nicht ausgeknetet, sondern in der Teutonia-Mühle und der Schleuder sozusagen ausgewaschen. Außerdem wird die Zusammenballung von Kohle und Öl zu größeren Agglomeraten, wie die Amerikaner sie anstrebten, nicht nur verhindert, sondern genau das Gegenteil, nämlich eine weitgehende Dispergierung als Voraussetzung für den nachfolgenden Trennprozeß herbeigeführt, um die feinsten Bergeteilchen von der Kohle abzulösen.

Erklärung des Trennvorganges

Überraschend ist der eigentliche Trennvorgang in der Schleuder. Obwohl die Schlämme mit Sicherheit große Anteile an Feinstkorn aufweisen, das kleiner als 60 μ ist, bleibt die Ölkohle praktisch quantitativ auf dem Sieb zurück, obwohl es eine Lochweite von 200 bis 300 μ hat. Diesen Vorgang kann man vielleicht so erklären:

Die hydrophobierten Kohlenteilchen stoßen besonders leicht unter der Einwirkung der Zentrifugalkraft das Wasser und die darin dispergierten Berge durch das Sieb ab. Das Wasser eilt sozusagen der umbenetzten Kohle voran. Diese einzelnen Teilchen ballen sich vor den Sieböffnungen zu einer festen Schicht zusammen, wobei sich die Kohlepartikel durch Brückenbildung gegenseitig abstützen. Unter dem Einfluß der Flieh- und Staukräfte verdichtet sich diese Schicht soweit, daß aus ihr keine Kohlenkörner durch die Sieböffnungen treten können (s. Abb. 7).

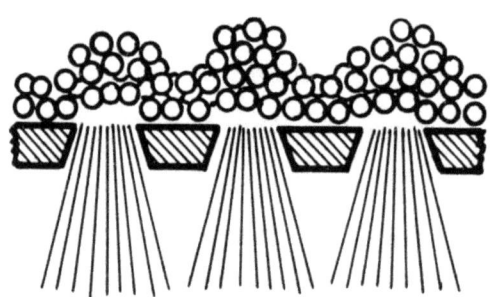

Abbildung 7

Entwässerung von ölbenetzter Kohle auf dem Siebblech einer Schleuder

Das Bild zeigt, wie das Bergewasser unter dem Einfluß der Zentrifugalkraft zuerst abgestoßen wird, die ölbenetzten Kohleteilchen stauen sich vor den Sieblöchern unter Bildung einer "Brikettschicht"

Statt der Siebschleuder können, wie erwähnt, auch Filter benutzt werden. Die Wassergehalte liegen dabei allerdings höher, zudem erscheint der Weg über die Schleuder technisch eleganter; ob er es auch in wirtschaftlicher Hinsicht ist, bleibt abzuwarten.

Einfluß der Berge auf die Umbenetzung

Wie schon oben gesagt, ist es sehr wichtig, für den Trennvorgang, daß die begleitenden Berge als Aschenträger nicht mit Öl benetzt werden und daß sie mit Wasser weitgehend dispergierbar sind. Aus den Erfahrungen, die man bei der Flotation von Kohle gewonnen hat, weiß man, daß der Pyrit nicht durch Öl benetzt wird, also auch nicht ins Kohlekonzentrat geht, wenn die aufgegebene Trübe schwach alkalisch reagiert. Auf die gleiche Weise läßt sich auch beim Convertol-Verfahren der Pyrit in die Abwässer drängen. Der Bergebestandteil, der die größten Schwierigkeiten bei allen Aufbereitungsverfahren macht, ist ohne Zweifel der Ton, der aus den Tonschieferbegleitgesteinen besonders der hochflüchtigen Kohle stammt. Die Tonteilchen verkleben die Oberflächen der einzelnen Kohlepartikelchen und lassen sich in den meisten Fällen nicht allein durch Wasser herunterspülen.

Rein qualitativ ist schon durch Versuche festgestellt worden, daß sich auch der Ton durch verschiedene Chemikalienzusätze in seiner Dispersion beeinflussen läßt. In der Praxis haben sich schon Soda und Natronlauge als gute Hilfsmittel bei der Umbenetzung von kohlenhaltigen Schlämmen erwiesen. Ebenso ist bekannt, daß die Umbenetzung mit Öl bei solchen Schlämmen abhängig von der Wasserstoff-Ionenkonzentration ist. In umfangreichen Versuchsreihen haben wir nun geklärt, welche Vorgänge dabei ablaufen.

Die Tone und ihr kolloidchemisches Verhalten

Chemisch stellen die Tone in der Hauptsache Aluminiumsilikate dar. Wichtig sind vor allem zwei Tonminerale, der Kaolinit mit der Summenformel $Al_2O_3 \cdot 2 SiO_2 \cdot 2 H_2O$ und der Montmorillonit mit der Zusammensetzung $Al_2O_3 \cdot 4 SiO_2 \cdot n H_2O$. Neben diesen Hauptbausteinen der Tone kommen darin noch eine Unzahl weiterer Tonmineralien vor, die in ihrer Zusammensetzung davon abweichen und mineralogisch gesehen reine Neubildungen oder Verwitterungsrückstände darstellen. Vom Standpunkt der Kristallographie aus bilden sämtliche Tonmineralien ein Zweischichtengitter aus, worin eine SiO_2-Schicht und eine

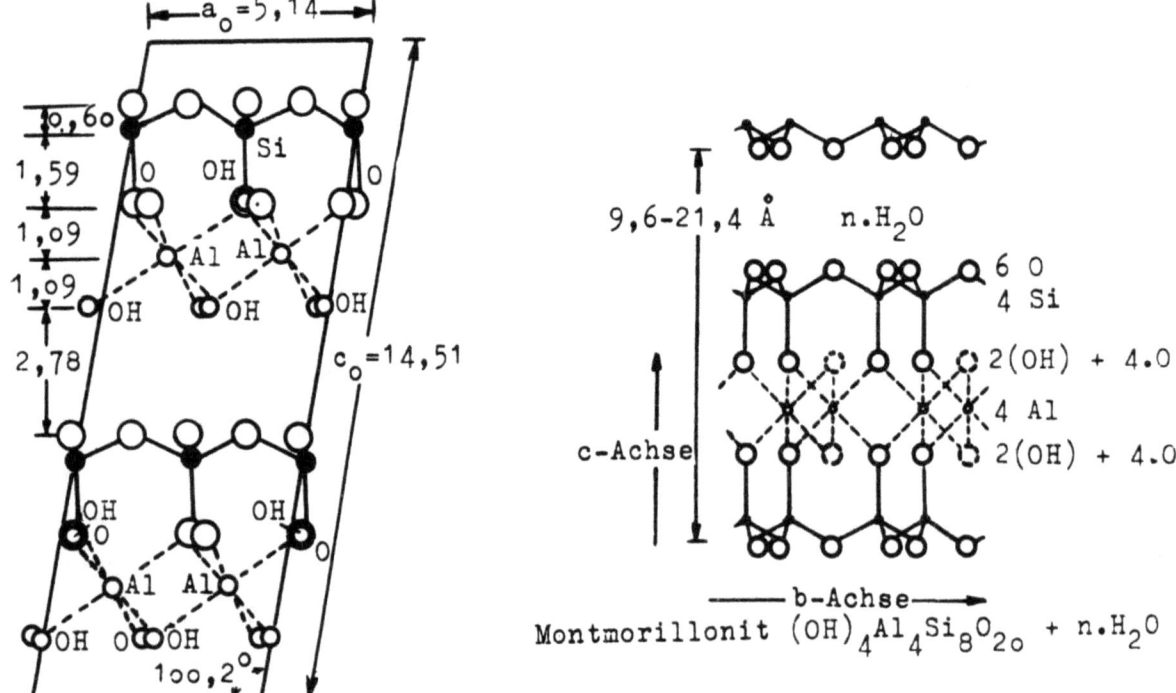

Abbildung 8

Feinbau von Elementarkörpern der beiden wichtigsten Tonmineralien
(Kaolinit und Montmorillonit)

Der Raum zwischen den Elementarbausteinen wird
entweder durch van der Waal'sche Kräfte über-
brückt (Aufbau größerer Einheiten) oder
an den Grenzschichten findet Anlagerung von
Fremdionen oder Molekülen statt (Dispersion
zu hochkolloidalen Lösungen)

Al_2O_3-Schicht sich gegenseitig mit ihren Hauptvalenzen absättigen. In der Abb. 8 sind die Elementarschichtengitter des Montmorillonits und des Kaolinits zum besseren Verständnis dargestellt.

Mehrere so aufgebaute Elementarschichten werden durch Nebenvalenzkräfte (van der Waals'sche Kräfte), die zwischen den funktionellen Gruppen dieser Schichten wirksam werden, zusammengehalten. Sie bauen so makroskopisch gesehen den Ton auf, wie er in der Natur, meist in Form von Blättchen oder Lamellen, in der Größenordnung von 10^{-3} cm vorkommt. Im Feinbau dieser Elementarteilchen kommen nun mehr oder weniger viele Fehlstellen vor, so daß daraus Restladungen des gesamten Teilchens resultieren. Dadurch ist die Möglichkeit gegeben, Fremdionen anzulagern. Diese Anlagerung hat zur Folge, daß die Tonteilchen, ähnlich den hydrophilen Kolloiden, sich mit einer Hülle von Wassermolekülen umgeben. Hierdurch hat der Ton die Fähigkeit, stabile wässrige Suspensionen zu bilden. Physikalisch-chemisch betrachtet stellen die Tone also Kolloide dar, d.h. sie können alle Zustände zwischen der hochdispersen kolloidalen Lösung und dem Ausflockungszustand, wo sie ein Gel bilden, einnehmen. Dabei ist aber zu beachten, daß auch dieses Gel noch sehr viel Wasser gebunden enthält. Das kolloidale Verhalten der Tone ist nun Gegenstand eingehender Untersuchungen gewesen, da einmal der disperse Zustand wichtig ist für die Abtrennung des Tones von der Kohle, zum anderen, worauf später eingegangen wird, kann es dringend erwünscht sein, aus den Bergewässern die Tone durch Flockung auszuscheiden. Man kommt dann zu klaren Abwässern, die wieder gebraucht oder ohne Schwierigkeiten zu bereiten, in die Vorflut gegeben werden können.

Messung der Sinkgeschwindigkeit

Als Maß für den Dispersionsgrad der Tone gilt die Sedimentationsgeschwindigkeit, mit der sich die Teilchen aus der Aufschlämmung absetzen. Wir haben das Verhalten des Tones in den Rohkohlenschlämmen sowohl bei verschiedenen p_H-Werten als auch bei verschiedenen Ionenzusätzen untersucht. Bei der praktischen Durchführung werden Kohlenschlammtrüben in graduierten Glaszylindern aufgestellt und mit den jeweiligen Zusätzen versehen. Im Zustand der höchsten Tondispersion setzen sich die Kohlenteilchen wie üblich schnell ab. Die aufgelösten Tone bleiben dagegen tagelang in Schwebe. Auch die Ansätze, in denen das Dispersionsmaximum nicht erreicht wird, klären sich schneller. Als Auswertung dieser Versuche erhält man die Werte, wie sie in der Tabelle 4 am Beispiel des Hannover-Schlammes für den p_H-Bereich von 8,54 - 9,98 angegeben sind. Daraus ist deutlich das Dispersionsmaximum bei einem p_H-Wert von 9,57 abzulesen. Allgemein läßt sich über die Auswertung dieser umfangreichen Untersuchungen sagen:

Tabelle 4

Glas Nr.	Rohschlamm (20% H_2O)	H_2O cm³	n/10 Sodalösg. cm³	p_H	Ergebnis nach 2 Tagen
1	30 g	75	5	8,54	schwach trübe
2	30 g	72	8	9,45	stärkere Trübung
3	30 g	70	10	9,57	max. Trübung
4	30 g	68	12	9,81	stärkere Trübung
5	30 g	65	15	9,98	schwach trübe

Jeder Steinkohlenschlamm zeigt ein spezifisches Maximum der Dispersion seiner Tonbestandteile bei einem bestimmten p_H-Wert, der meist im schwach alkalischen Bereich liegt. Das Auflösungsvermögen der Ionenzusätze ist ebenso von Fall zu Fall verschieden. Als technisch interessant für die Beeinflussung von Tonen erweist sich die Wirkung von Natrium- und Kalziumionen. Es zeigt sich, daß Kalziumionen den Ton aus kolloidalen Lösungen ausfällen, während Natriumionen ihn sehr stark dispergieren. Als besonders geeignet erweist sich für diesen Zweck der Zusatz von Natriumionen in Form von Natriumkarbonat als eines der billigsten Chemikalien. Die Dosierung wird zweckmäßig so vorgenommen, daß die Trübe vor dem Schleudern im Bereich von p_H 8 liegt. Diese p_H-Zahl entspricht einer Zugabe von Soda (kalziniert) von etwa 3 kg/t Trockensubstanz im Schlamm. Dieser anzusteuernde p_H-Bereich ist gleichzeitig auch richtig für die Abdrängung des Schwefelkieses in die Bergewässer, da in diesem Fall der Schwefelkies nicht vom Öl benetzt wird.

Auswahl und Menge der Öle

Für die Herstellung der Ansgangsmasse werden mit besonderem Vorteil Öle, Teere oder sonstige bituminöse Stoffe verwendet, die sonst nicht oder nur schwierig mit Nutzen zu verwerten sind, und von diesen wieder vorzugsweise solche, die bereits in Form einer Wasser-Öl-Emulsion vorliegen, wie Wasser enthaltende Teerprodukte, Generatorteere, Bohröle und Rohöle, d.h. Stoffe, die in der Regel auch andere Feststoffe enthalten und sonst praktisch wertlos sind. Abbildung 9 zeigt die Siedekurven einiger angewandter Öle.

Will man hochstockende Öle oder Teere verwenden, so muß die Verfahrenstemperatur entsprechend erhöht werden. Die anzuwendende Ölmenge richtet sich nach der Größe der Oberfläche des zu benetzenden Anteils. Die Ölmenge ist dabei so groß zu wählen, daß die gesamte freie Oberfläche aller Kohlenteilchen, die mit Öl zu beziehen sind, von diesen benetzt wird. Wird z.B. ein mit Wasser und Feststoffen verunreinigtes Öl als benetzende Komponente angewandt, so bezieht sich die Mengenangabe auf den wahren Ölanteil in dem benutzten "Rohöl". Sie darf andererseits aber nicht zu hoch werden, da sonst ein Zwischen- bzw. Endprodukt entsteht, das infolge seines ungünstigen physikalischen Zustandes nur schwierig zu handhaben ist. Trotz dieser allgemeinen Anschauungen über den Ölverbrauch bestehen keine klaren Beziehungen zwischen zu benetzender Oberfläche und dem Ölverbrauch. Es hat sich nämlich gezeigt, daß die Ölverbräuche trotz größter Unterschiede in der Oberfläche lediglich im Bereich von 3-15 % liegen, obwohl das Oberflächenverhältnis eigentlich eine wesentlich größere Ölmenge verlangen würde. Als Erklärung für diese Tatsache vermuten wir, daß beim Trennvorgang auch weniger stark benetzte Partikel durch Brückenbildung mit den Nachbarteilchen in der Kohleschicht festgehalten werden.

Wassergehalt der Schlämme

Grundsätzlich läßt sich jeder Schlamm auf dem beschriebenen Weg entaschen und gleichzeitig entwässern, wenn er flüssig ist. Trotzdem sind für jeden Schlamm optimale Verhältnisse für das Feststoff-Wasser-Verhältnis anzusteuern. Im allgemeinen kommt man bei Kohlenschlämmen bis 20 % Asche, auch bei tonhaltigen Beimengungen, mit einem Feststoff-Wasser-Verhältnis von $1:1\frac{1}{2}$ aus. Bei noch höheren Aschengehalten des Ausgangsschlammes kann es aber auch richtig sein, dieses Verhältnis auf 1:3 zu erhöhen. Dabei dürfte klar sein, daß die Wassermenge in einem günstigsten Verhältnis zu der auszuschlämmenden Bergemenge stehen muß, denn ohne viel Wasser lassen sich hohe Aschengehalte nicht austragen. Eine Darstellung der Abhängigkeit der Aschengehalte in den Konzentraten sowie der Aschengehalte in den ausgetragenen Bergen vom Ölverbrauch und von der Verdünnung ist in den Abbildungen 10 und 11 gegeben.

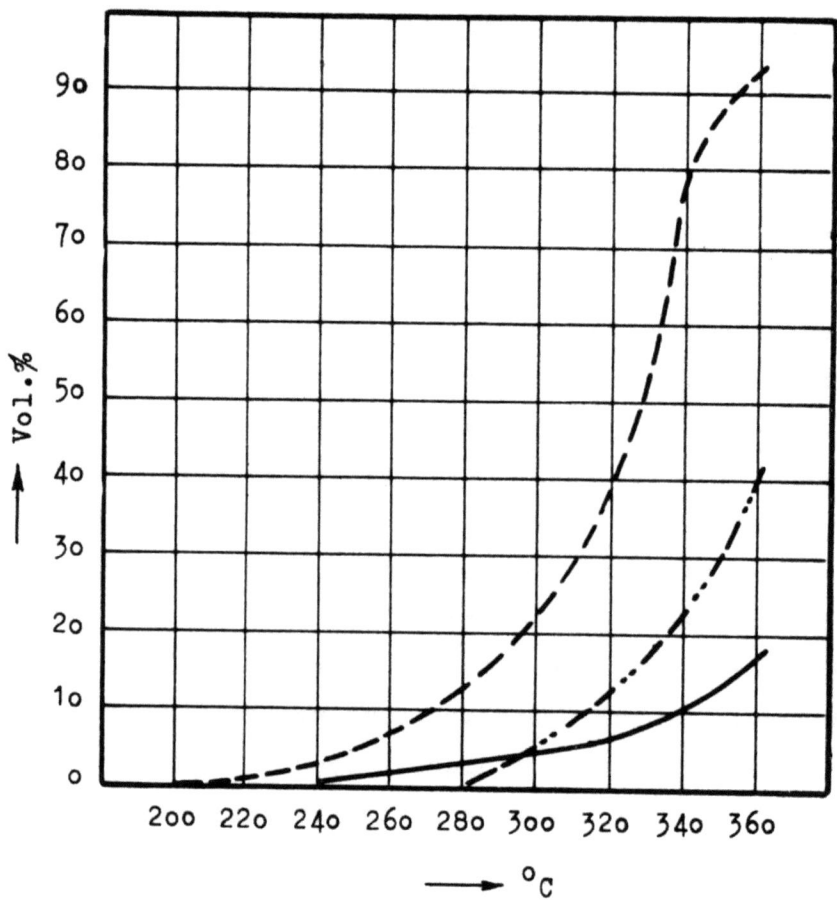

Abbildung 9

Siedeverhalten von einigen bei der Umbenetzung von Steinkohlenschlämmen angewandten Ölen

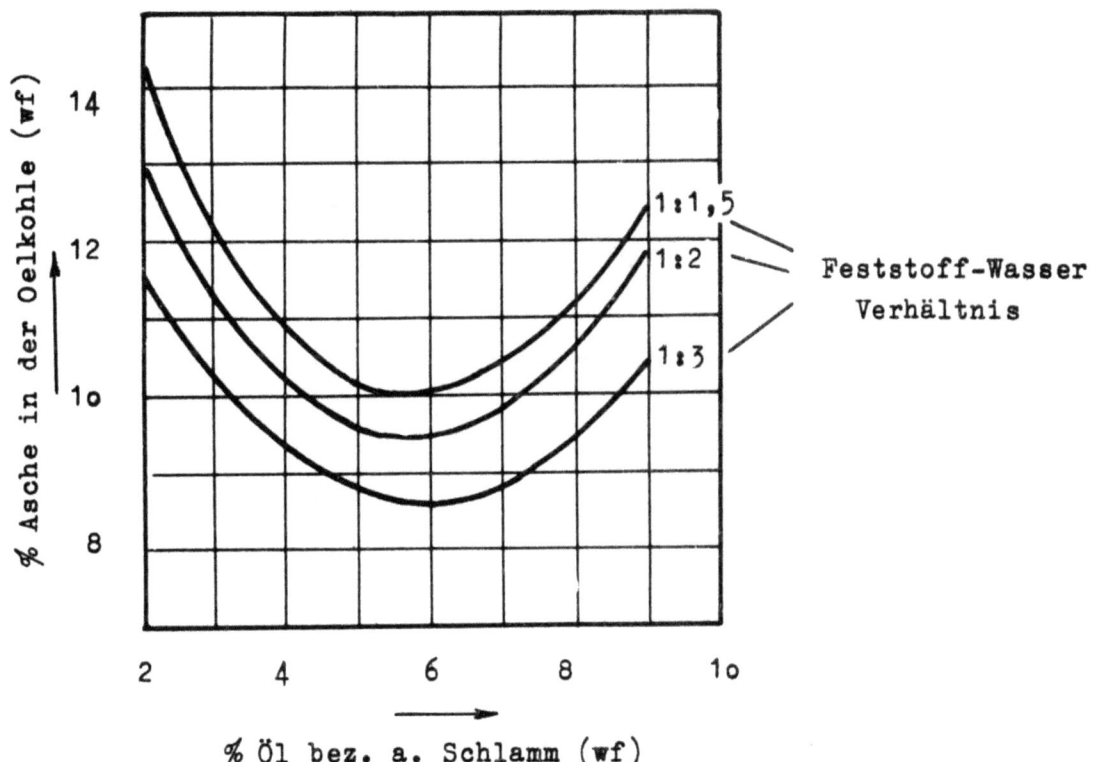

Abbildung 10

Abhängigkeit des Aschegehaltes in der Ölkohle vom Ölverbrauch bei einem bestimmten Feststoff-Wasser-Verhältnis. (Auswertung von Standard-Schleuderversuchen)

Der Aschegehalt der Ölkohle ist kennzeichnend für den Entaschungsgrad und die Güte des Konzentrates. Jede Kurve gibt für das angegebene Verdünnungsverhältnis die Abhängigkeit des Aschengehaltes von der bei der Umbenetzung angewandten Ölmenge wieder. Die beste Entaschung liegt in allen drei Fällen bei einem Ölverbrauch von 6 %. Das Verdünnungsverhältnis wirkt sich in einer Parallelverschiebung der Kurven aus. Kurz gesagt bedeutet es: Eine große Menge Asche ist nur durch eine große Menge an Wasser auszutragen. Eine überschüssige Ölmenge bewirkt durch starkes Zusammenhaften der Kohleteilchen den Einschluß von Ascheträgern

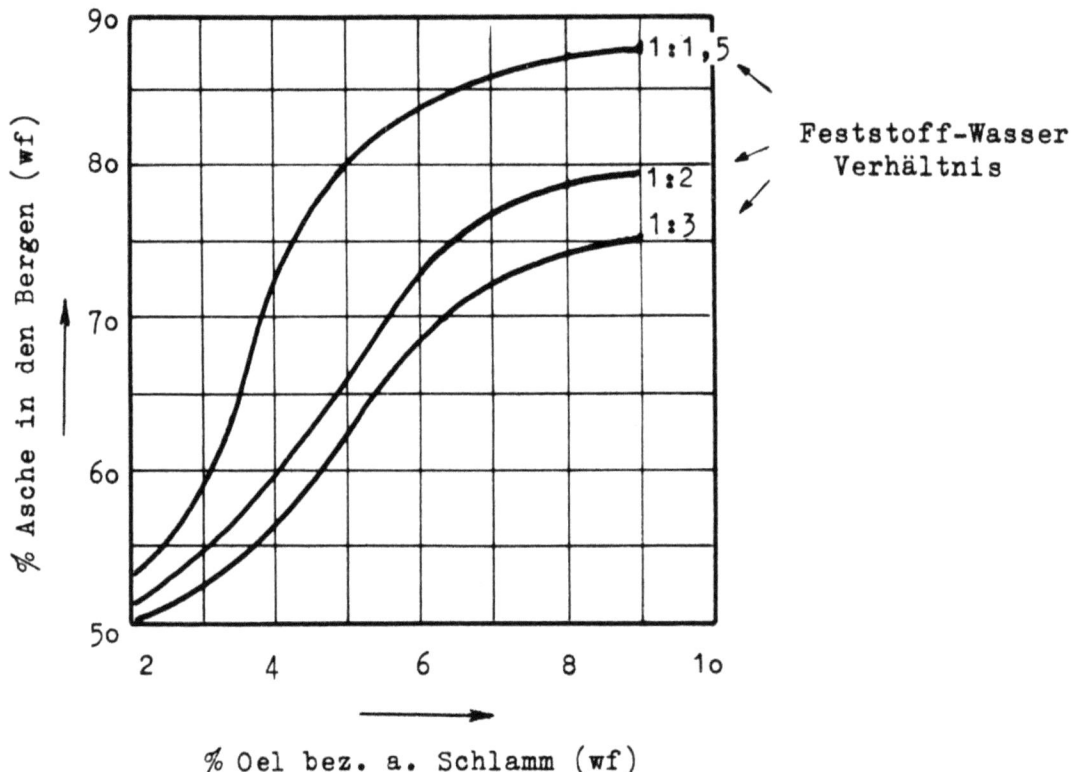

Abbildung 11

Abhängigkeit des Aschegehaltes der Berge vom Ölverbrauch bei einem bestimmten Feststoff-Wasser-Verhältnis

Der Aschengehalt der ausgetragenen Berge ist kennzeichnend für ihre Kohlenfreiheit. Jede Kurve gibt für die angegebene Verdünnung die Abhängigkeit des Aschengehaltes der Berge von der bei der Umbenetzung angewandten Ölmenge wieder. Der Aschegehalt der Berge wächst in allen drei Fällen bis zu einem Ölverbrauch von 8 % an. Größere Ölmengen bringen keine Verbesserung mehr. Das Verhältnis Feststoff : Wasser wirkt sich in einer Parallelverschiebung dieser Kurven aus. Eine größere Wassermenge bewirkt (durch Spülwirkung auf dem Sieb) ein Abfallen des Aschengehaltes der Berge (Ansteigen der Kohleverluste). Kurz gesagt bedeutet das für die Praxis: Den Ölverbrauch so hoch zu halten, daß keine Fehlausträge an Kohle im Bergewasser auftreten

Forschungsberichte des Wirtschafts- und Verkehrsministeriums Nordrhein-Westfalen

Auswahl der Siebe

Eine wesentliche Rolle für einen günstigen Schnitt zwischen Kohle und Berge spielt die Form und Größe des Siebbelages. In dieser Richtung haben wir sehr viele Versuche durchgeführt. Dabei hat sich ergeben, daß die günstigste Lochweite im allgemeinen in der Größenordnung von 0,25 mm $\emptyset$ liegt. Diese Sieböffnung stellt dabei einen gewissen Kompromiß dar zwischen ausreichender Entwässerung und möglichst kohlefreien Abgängen im Bergewasser.

Versuche mit Schlitzlochsieben, die im allgemeinen eine wesentlich größere offene Siebfläche aufweisen und deshalb niedrigere Wassergehalte erwarten lassen, haben ergeben, daß man dabei mit geringeren Spaltweiten arbeiten muß, um ein günstiges Ergebnis hinsichtlich des Kohlegehaltes in den Bergen zu erreichen, und zwar stellt sich dabei ein Schlitzlochsieb etwa von 0,15 . 2 mm als besonders günstig heraus.

Auf den Siebschleudern verwendet man teure elektrolytisch hergestellte Nickelblechsiebe. In der chemischen Industrie zeigen diese eine ausreichende Festigkeit. Bei der Schleuderung von Steinkohlenschlämmen haben die weichen Nickelbleche einen Verschleiß, der nicht mehr tragbar ist. Deshalb haben wir auf der Konturbex 1 Versuche mit eisernen Sieben durchgeführt, die demnächst als Conidursiebe (Abb. 12) von der Firma HEIN-LEHMANN in den Handel kommen. Bei diesen Siebbelägen handelt es sich um Eisenbleche, die mechanisch bis zu Lochweiten von 0,1 mm hergestellt werden können, und zwar aus jedem Metall, auch höchster Festigkeit. Durch Versuche haben wir festgestellt, daß derartige Siebe sich ausgezeichnet für dieses Verfahren eignen, wenn sie auf der Innenseite geglättet sind. Diese Studien sind von uns durchgeführt worden und die Siebfirma hat durch diese Arbeiten die Anregung erhalten, die Siebe für dieses Verfahren entsprechend weiterzuentwickeln.

Alle diese Untersuchungen sind durch Standard-Schleuderversuche geklärt worden, bei denen der schon beschriebene Verfahrensgang (Abb. 6) angewandt wird. Er ist für die halbtechnische Arbeitsweise im Laboratorium gut geeignet, da man die Möglichkeit hat, alle gewünschten Größen genau quantitativ zu erfassen. Für seine technische Anwendung hat das Verfahren den Nachteil, daß es einen verhältnismäßig niedrigen Wassergehalt des Schlammes von 30-40 % erfordert, der sich nicht leicht und nicht billig

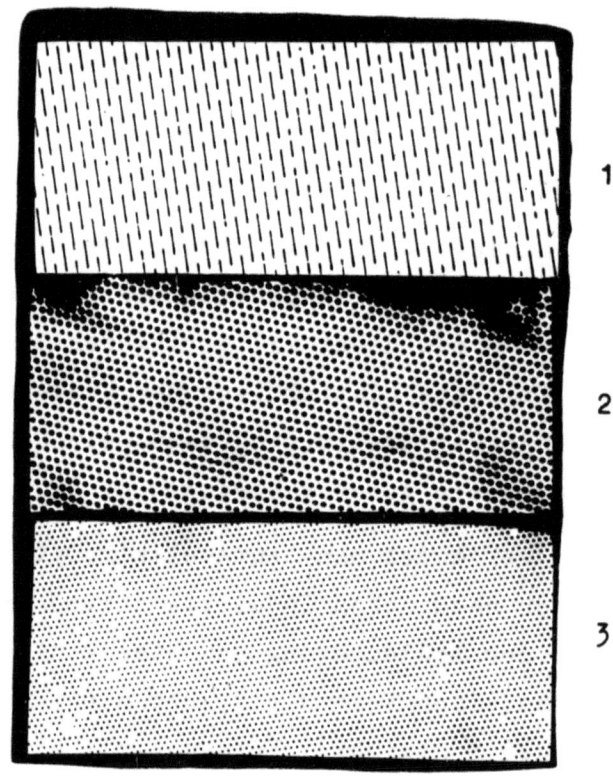

Abbildung 12

1. 0,18 . 4 mm Schlitzlochsieb,
   aus Nickel elektrolytisch hergestellt

2. 0,25 mm Konidursieb,
   aus Eisenblech mechanisch hergestellt

3. 0,13 mm Rundlochsieb,
   aus Nickel elektrolytisch hergestellt

herstellen läßt. Der im Betrieb anfallende Schlamm muß nämlich dabei erst eingedickt werden, um die Ölbenetzung durchzuführen. Dann muß das umbenetzte Gut für den Trennvorgang auf der Schleuder wieder mit etwa der eineinhalbfachen Menge Wasser dispergiert werden. Um von dieser umständlichen Verfahrensweise abzukommen, ist es für die technische Anwendung des Verfahrens von außerordentlicher Bedeutung, die Umbenetzung auch an Schlämmen mit geringem Feststoffgehalt durchzuführen, wie diese laufend bei der Kohlenwäsche anfallen und wie es für den nachfolgenden Trennvorgang günstig ist.

Die Umbenetzung dünnflüssiger Schlämme

Bei dem Bemühen, das Öl in solchen dünnflüssigen Schlämmen an die Kohlenoberfläche zu bringen, stellt man fest, daß dies gar nicht so einfach ist. Jedenfalls ist mit technisch brauchbaren Rührern dieser Zustand bei den hier verwendeten Ölen gar nicht oder nicht schnell genug zu erreichen.

Bei der Arbeitsweise mit pastenförmigen Schlämmen wird das Öl in den Knetmaschinen und Knetpumpen durch die großen Reibungskräfte mit dem zähen Gut zuerst mechanisch verteilt und auf die Kohlenoberfläche aufgestrichen, wo es wegen der starken Adsorptionskräfte, die zwischen der Kohle und dem Öl bestehen, festhaftet. In sehr flüssigen Schlämmen reichen diese Reibungskräfte zur Convertierung nicht aus. Im Laboratorium kann man zum Ziele kommen, wenn man sogenannte Homogenisiermaschinen anwendet, die in letzter Zeit in den mannigfachsten Ausführungen in den Handel kommen. Dazu gehören z.B. auch die als Haushaltsmaschinen viel gebrauchten Geräte (Starmix oder Multimix). Alle diese Apparate sind ihrem Prinzip nach Rührer, die mit einer sehr hohen Umdrehungszahl bis zu 30 000/Min. umlaufen. Das eingesetzte Gut wird dabei durch die überaus hohe Rotation oder auch durch Pressen unter dem Einfluß der Zentrifugalkräfte durch Düsen und Schlitze und anschließendem Aufprallen des Flüssigkeitsstrahles auf einer gegebenenfalls aus der Flüssigkeit selbst bestehenden Wand derart in Turbulenz gesetzt, daß die Berührungs- und Aufprallwahrscheinlichkeit zwischen den Kohleteilchen und den durch die Turbulenz erzeugten feinen Ölteilchen sehr stark vergrößert wird. Die Umbenetzung erfolgt durch die ausgelösten Scher- und Reibungskräfte dabei momentan. Leider lassen sich alle derartigen Apparate, einmal wegen ihrer geringen Leistungsfähigkeit, zum anderen wegen der starken Abnutzung, die sie durch pyrit- und quarzhaltige Kohlenschlämme erleiden, nicht in dem rauhen Bergbaubetrieb technisch anwenden.

Umbenetzung mit der Pralltellermühle

Eine Lösung dieser Aufgabe, die technisch sehr gut brauchbar ist, wurde in der "Pallmannmühle" gefunden. Sie ist eine Pralltellermühle (Abb. 13), bei der das Schleuderrad mit 3 000 Touren umläuft, während der Prallteller in der entgegengesetzten Richtung eine Umdrehungszahl von 1 500/Min. hat. Das aufgegebene Gut ist in dem Raum zwischen den beiden Pralltellern einer gewaltigen Belastung durch Scher- und Reibungskräfte und den daraus resultierenden Druckunterschieden ausgesetzt und wird schließlich unter dem Einfluß der Fliehkräfte aus dem engen Schlitz, der durch beide Prallteller gebildet wird, ausgepreßt. Die Umbenetzung des Kohlenschlammes erfolgt in dieser Maschine momentan und fortlaufend durch das Öl, das gleichzeitig in dosierter Menge mit aufgegeben wird.

Die Pallmann-Mühle hat für die technische Anwendung weitere nicht zu unterschätzende Vorzüge. Neben ihrer robusten Bauart, die wenig Abnutzung befürchten läßt, dient sie als Sicherheitsorgan für die hochempfindliche Schleuder, da z.B. Eisenteile die Schlitze nicht passieren können. Weiter kann bei entsprechend enger Schlitzeinstellung eine Aufschließung bei stark verwachsenen Rohkohlenschlämmen erzielt werden, so daß mehr freie Berge ausgetragen werden können. Durch die Leistung dieser Maschine erreichten wir unter Wegfall des Vormischers und der Knetpumpe zudem eine wesentliche Vereinfachung des Verfahrensstammbaumes. Nach dieser Arbeitsweise konnten wir eine seit Anfang des Jahres 1951 auf der Zeche Hannover im Bau befindliche größere Versuchsanlage verbessern und vereinfachen.

3. Versuchsanlage auf der Zeche Hannover

In der Abbildung 14 ist das Fließbild der Convertolanlage der genannten Zeche dargestellt. Die Feinschlämme werden in der Kohlenwäsche auf übliche Weise durch Federsiebe bei 0,5 mm abgesiebt. Der Durchgang durch diese Siebe, der alle Anteile unter 0,5 mm enthält, geht in die Eindickspitze der Convertolanlage. Hier wird der Schlamm auf einen Feststoffgehalt von etwa 300-400 g im Liter gebracht. Aus dieser Spitze wird der Schlamm unten abgezogen und läuft gemeinsam mit der notwendigen Menge Heizöl in die Pallmann-Mühle und wird beim Durchgang umbenetzt. Direkt unter der Mühle steht die Siebschleuder für die Trennung der ölbenetzten Kohle von dem bergehaltigen Abwasser. Das entaschte und entwässerte Kohlekonzentrat fällt auf ein Band und wird laufend der Feinkohle zugemischt. Als Ergebnis des Verfahrens fällt ein veredeltes, ölhaltiges Kohleprodukt mit verhältnismäßig geringem Wasser- und Aschegehalt an, das infolge seiner lockeren und rieselfähigen Beschaffenheit leicht zu handhaben ist. Wegen seines Ölgehaltes erscheint die Verwertung als Einsatzgut für die Schwelung besonders vorteilhaft.

Versuchsergebnis mit Kohlenschlämmen verschiedenen Inkohlungsgrades

Die Anwendbarkeit des Verfahrens ist nunmehr vom Aschegehalt und auch vom Wassergehalt des Ausgangsgutes weitgehend unabhängig, ferner auch unabhängig vom Gehalt der Ausgangskohle an flüchtigen Bestandteilen, d.h. vom Inkohlungsgrad.

Mit den Tabellen 5 und 6 werden die Aufbereitungsergebnisse für zwei verschiedene Schlämme belegt. Der Tabelle 5 liegt ein Fettkohlen--schlamm zu Grunde, dessen Aschegehalt, auf Trockensubstanz bezogen, 20 % beträgt. Dieser Schlamm ist verhältnismäßig grob; denn er enthält nur 10 % unter 60 μ und fast 50 % über 0,5 mm und wurde mit wenig Öl, nämlich mit 3 % Heizöl, bezogen auf Trockenschlamm, aufgearbeitet. Das Konzentrat enthält 7,9 % Asche und 7 % Wasser. Der Aschegehalt der mit dem Wasser abgehenden Berge beträgt 87 %.

Tabelle 6 zeigt Versuchsergebnisse mit einem Gasflammkohlenschlamm, der wesentlich feiner und auch aschenreicher ist. Er enthält nur rund 10 % über 0,5 mm, dafür aber 46 % unter 60 μ. Der Rohschlamm mit 27 % Asche ist mit hohem Ölzusatz, in diesem Falle mit 10 %, aufgearbeitet worden und ergibt nach einem Durchgang einen Aschegehalt des Konzentrates von 8,2 % bei 11 % Wasser. Wenn man bedenkt, daß ein derartiger Gasflammkohlenschlamm auf einem Trommelfilter bestenfalls nur auf 23 % entwässert werden kann, so würde er als Filterschlamm insgesamt fast 50 % Ballast enthalten. Dieses Konzentrat mit 19 % Ballast kann sich, vor allem unter Berücksichtigung der großen Feinheit und des praktisch vollständigen Kohlenausbringens, sehr wohl als wertvolles Aufbereitungserzeugnis sehen lassen.

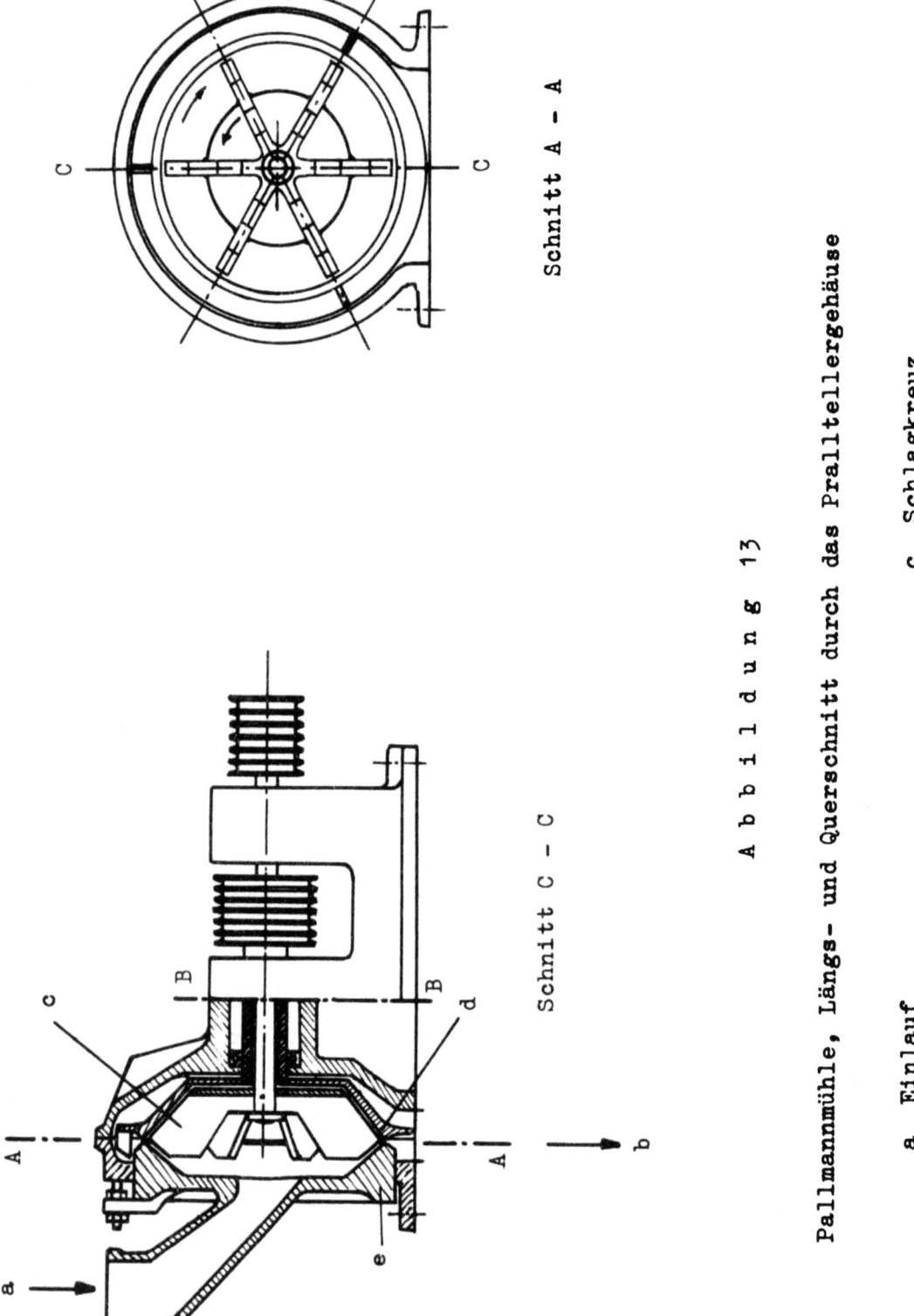

Abbildung 13

Pallmannmühle, Längs- und Querschnitt durch das Pralltellergehäuse

a Einlauf
b Austrag
c Schlagkreuz
d umlaufender Pralleller
e feststehender Pralleller

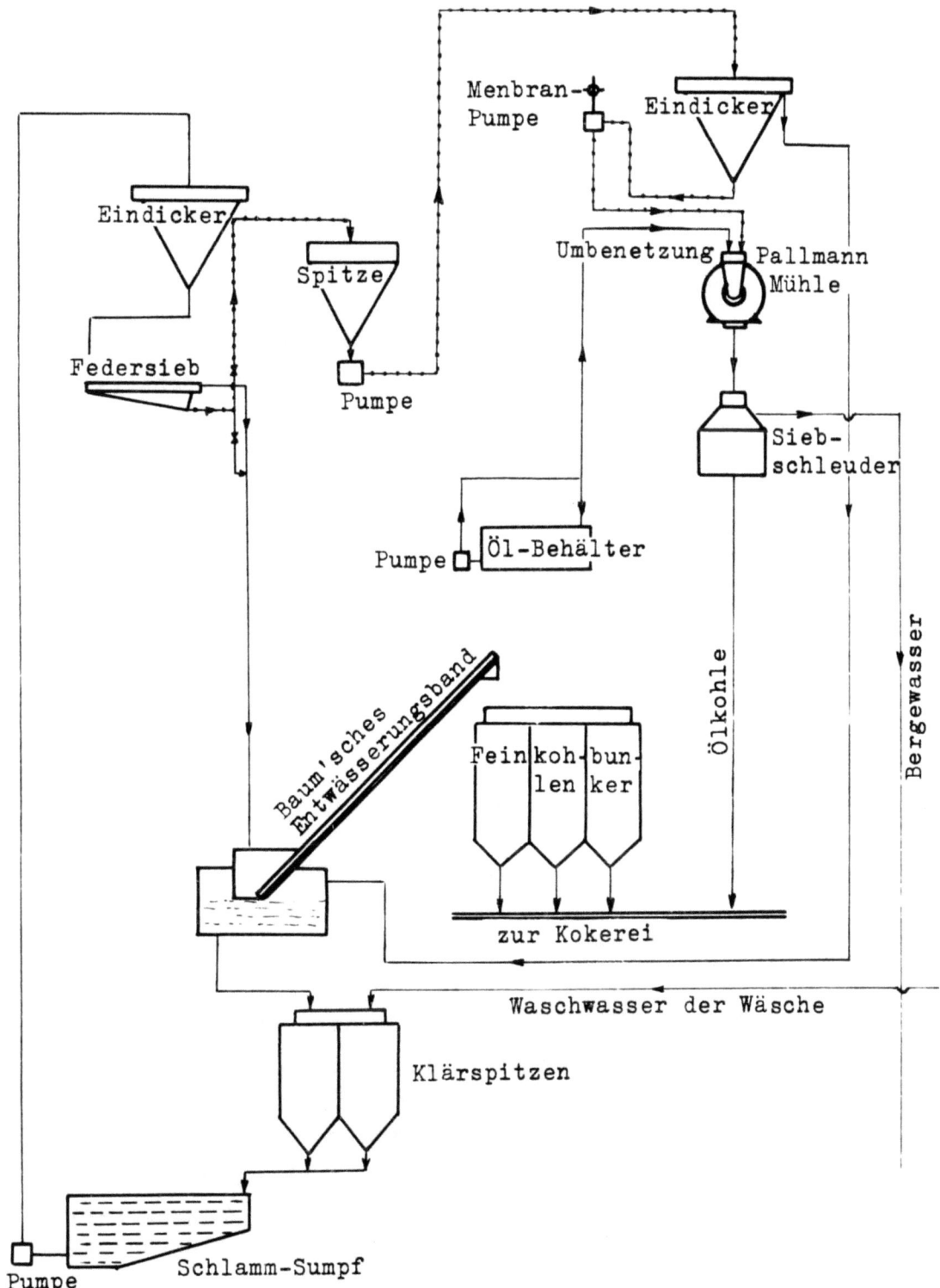

Abbildung 14

Einbau der endgültigen Convertol-Versuchsanlage in den Wäschebetrieb der Zeche Hannover

Weg der Federsiebdurchgänge (Feinschlämme) in die Convertol-Anlage bis zur Umbenetzung

Tabelle 5

Versuchsergebnisse mit einem Fettkohlenschlamm

Sieb-Aschenanalyse des Rohschlammes

Korngröße	Anteil %	Asche %
>1 mm	14,7	3,2
0,5	34,4	6,4
0,3	19,2	17,1
0,15	15,3	37,7
0,10	1,2	42,2
0,075	2,8	44,5
0,06	2,0	42,8
<0,06	10,4	50,3

Fettkohlenschlamm
 22 % flücht. Bestandt. (waf)
 20 % Asche (wf)
 Zusatz: 3 % Öl

Nach der Entaschung mit der Schlammschleuder Konturbex 1

Ölkohle 7,9 % Asche (wf)
         7,0 % Wasser

Berge   87,0 % Asche (wf)
         (Glührückstand)

Tabelle 6

Versuchsergebnisse mit einem Gasflammkohlen-Schlamm

Sieb-Aschenanalyse des Rohschlammes

Korngröße	Anteil %	Asche %
>1 mm	1,6	13,3
0,5	9,2	3,8
0,3	10,7	4,2
0,2	8,1	6,1
0,15	7,6	9,3
0,10	6,6	13,3
0,075	3,8	16,5
0,06	6,0	16,8
<0,06	46,6	48,0

Gasflammkohlenschlamm
 34,4 % flücht. Bestandt. (waf)
 27,1 % Asche (wf)
 Zusatz: 10 % Öl

Nach der Entaschung mit der Schlammschleuder Konturbex 1

Ölkohle 8,2 % Asche (wf)
        11,0 % Wasser

Berge   91 % Asche (wf)
         (Glührückstand)

Der Aschegehalt bzw. der Glührückstand der mit dem Wasser abgetrennten
Berge liegt bei richtiger Durchführung des Verfahrens zwischen 80 und
90 % und teilweise noch höher. Die Höhe des als Glührückstand ermittelten
Aschegehaltes in den Bergen ist lediglich von der Mineralsubstanz selbst
abhängig. Diese Berge enthalten jedoch keine meßbaren Mengen an Kohle.
Mit anderen Worten liegt hier unseres Erachtens zum erstenmal ein Aufbereitungsverfahren vor, das eine Rohkohle technisch ohne jeden Kohlenverlust aufzubereiten gestattet. Daß auf der anderen Seite dafür die
Aschegehalte der Konzentrate je nach der Mineralführung und des Aufschlußgrades der Schlämme nicht niedrig liegen, ist verständlich. Durch einen
weiteren Aufschluß des Konzentrates oder ein Wiederholen des Vorganges
ohne erneuten Ölzusatz kann jedoch auch eine weitere Verringerung des
Aschegehaltes erreicht werden.

Mit der fortschreitenden Mechanisierung der Kohlengewinnung nimmt der
Feinstkornanteil der Förderkohle immer mehr zu. Außerdem wird die Förderkohle als Folge der verstärkten Wasserberieselung zur Staubbekämpfung in
der Grube immer feuchter, so daß die Sichtung der Kohle vielfach überhaupt
nicht mehr oder nur noch unvollkommen gelingt. Infolgedessen wird der
Zwang der Lösung des Feinstkornproblems immer dringender. Das beschriebene Verfahren bietet die Möglichkeit, die Wäschen von dem unangenehmen
Feinstkorn laufend zu befreien und damit den gesamten Wasch- und Entwässerungsprozeß der Kohle wesentlich zu verbessern. Die heute bestehende
Notwendigkeit, hochaschenhaltige Schlämme und Stäube zuzumischen, führt
oft dazu, daß die Feinkohle zu scharf gewaschen wird, damit der gewünschte
Aschengehalt der Kokskohlenmischung eingehalten werden kann. Außerdem
erhöht die Schlammzugabe zur Kokskohle deren Wassergehalt, wodurch der
Kokerei wirtschaftliche Nachteile entstehen. Durch die Möglichkeit, die
aschenreichen Schlämme in Zukunft in einfachster Weise aufzubereiten,
können diese Mängel abgestellt werden.

Entwässerung und Verwertung der Bergeschlämme

Es ist anzunehmen, daß die abgeschiedenen Bergeschlämme dem Aufbereiter
zunächst noch größere Bedenken verursachen, als dies die Flotationsabgänge schon tun. Die abzuleitende Feststoffmenge ist aber vergleichsweise
nunmehr wesentlich geringer, weil sie praktisch kohlenfrei ist. Dafür
setzt sie sich jedoch schlechter ab. Es sind aber bereits aussichtsreiche
Wege angebahnt, die auch dieses Problem lösen.

Es laufen Versuche, die feinen tonhaltigen Bergeschlämme, die sich schwer absetzen, durch chemische Beeinflussung, wie im Abschnitt über die Tone dargestellt worden ist, auszuflocken und dann auf einer Schälschleuder der Firma ESCHER-WYSS vom Wasser zu trennen. Man erhält dann ein klares Abwasser, das ohne Bedenken in den Vorfluter gegeben werden kann. Die abgeschiedenen Tone fallen pastenförmig an und stellen, wenn es gelingt, die Bergeabtrennung wirtschaftlich zu gestalten, wegen ihrer Feinheit und ihrer Zusammensetzung (Tabelle 7) ein technisch durchaus interessantes Produkt, besonders für die keramische und Füllstoffindustrie, dar. Doch bedarf es noch langwieriger Versuche, alle Fragen zu klären, die mit diesem Problem zusammenhängen.

Tabelle 7

Chemische Analysen von Bergen, die beim Convertol-Verfahren anfallen

Probe	1	2	3
Stoff	%	%	%
Kieselsäure	48,6	49,7	52,0
Tonerde	32,9	26,8	33,3
Eisenoxyd	8,6	11,9	6,6
Kalk	3,5	4,9	2,2
Magnesia	0,3	2,1	1,9
Sulfat	1,4	1,4	1,1
Chlorid	0,4	Spuren	0,5
Alkalien	4,3	3,2	2,4

4. Schwelversuche mit ölbenetzter Kohle

Ausgangspunkt dieser umfangreichen Entwicklungsarbeiten war, wie schon am Anfang dieses Berichtes dargelegt wurde, der Gedanke, die stilliegende Schwelanlage Wanne-Eickel wieder in Gang zu setzen und mit wohlfeiler Kohle als Einsatzgut zu versorgen.

Unter der Schwelung versteht man im Gegensatz zur üblichen Hochtemperaturverkokung eine thermische Behandlung von Kohle bei einer Temperatur bis zu 600°C. Hierbei wird aus dem Bitumen der Kohle Schwelgas und Schwelteer gebildet und ausgetrieben. Zurück bleibt der Schwelkoks. Diese erhaltenen Produkte unterscheiden sich sehr wesentlich von entsprechenden Kokereierzeugnissen. Bei der Schwelung geht die Aufspaltung des Bitumens unter bedeutend milderen Bedingungen vor sich, ebenso werden die gebildeten Primärprodukte durch Sekundärvorgänge nicht so stark verändert, wie es im Koksofen der Fall ist. Der Tieftemperaturteer enthält deshalb noch erhebliche Mengen an paraffinischen Kohlenwasserstoffen, und die vorkommenden Aromaten sind in der Hauptsache Phenole. Im Kokereiteer sind diese Stoffe weitgehend aromatisiert, hydriert oder aufgespalten worden. Das gewonnene Schwelgas enthält gleichfalls Olefine und Paraffine und hat einen höheren Heizwert als das Kokereigas. Der Schwelkoks schließlich ist ein vorzüglicher rauchloser Brennstoff mit großer Reaktionsfähigkeit. Nicht allein für Hausbrandzwecke, sondern vor allem in der elektrochemischen Großindustrie und für die Verwendung in der Metallurgie als Holzkohlenersatz, soweit der Aschengehalt dies zuläßt, hat er sich bewährt. Während nun die Braunkohlenschwelung, vor allem in Mitteldeutschland, eine schon lange und stets gewinnbringend ausgeübte Industrie darstellt, ist die Schwelung von Steinkohlen im Ruhrgebiet zum ersten Mal auf der Anlage der Firma Krupp in Wanne-Eickel kurz vor dem letzten Krieg zur technischen Durchführung gelangt. Für die Kohlenversorgung dieser Anlage kam von den naheliegenden Zechen vor allem die Schachtanlage Graf Bismarck in Gelsenkirchen-Bismarck in Frage.

Daher ist es zu verstehen, daß Schlämme dieser Zeche das bevorzugte Versuchsgut, sowohl bei der Entwicklung des Convertol-Verfahrens als auch bei den Schwelversuchen, darstellten. Die Endprodukte des Schlammaufbereitungsverfahrens wurden im ganzen Verlauf seiner technischen Entwicklung Laboratoriums-Schwelversuchen unterworfen und so auf ihre Eignung geprüft.

Schwelversuche

Zu diesem Zweck stehen auf der Versuchsanlage Langenbrahm für Kleinversuche eine Krupp-Laboratoriums-Schwelretorte mit einem Fassungsvermögen von 4 kg Schwelkohle, trocken, zur Verfügung, und für halbtechnische Versuche wurde ein Zweikammerschwelofen der "Brennstofftechnik" mit einem Gesamtkammerinhalt von 60-70 kg Einsatzgut aus gewährten Landesmitteln beschafft.

Die kleine Retorte wurde bei der Firma Krupp, die sich besonders um die Einführung der Steinkohlenschwelung verdient gemacht hat, entwickelt. Sie entspricht in ihrer Ausführung und im Betrieb am besten der großtechnischen Heizflächenschwelung, wie es die langjährigen Erfahrungen dieser Firma ergeben haben. Abbildung 15 zeigt den Aufbau der Versuchsapparatur. Sie besteht aus der elektrisch beheizten senkrechten Kammer, die oben und unten nach der Füllung durch Deckel verschlossen ist. Gas und Teer werden nach Austritt aus der Retorte durch Wasser gekühlt, wobei die Hauptmenge an Teer in der Vorlage kondensiert. In einem Elektro-Nachentteerer werden die letzten feinen Teernebel niedergeschlagen, und das Schwelgas wird nach Entfernung von Ammoniak und Schwefelwasserstoff getrocknet, gemessen und in einem Gasbehälter aufgefangen.

Der größere Ofen ist gleichfalls ein Heizflächenofen, der aber durch Wälzgasbetrieb beheizt wird. Die Kammerseitenwände sind spreizbar, um die Entleerung der Kammer zu gewährleisten. Der gebildete Teer wird in einer Kondensation aufgefangen. Aus diesen Laboratoriumsversuchen wurden wertvolle Erkenntnisse über das Schwelverhalten von geölter Kohle gesammelt. Es zeigt sich, daß solche Produkte wegen ihrer lockeren Struktur beim Schüttbetrieb in der Retorte nur geringe Schüttgewichte ergeben. Dies führt dazu, daß nur ein sehr lockerer und schlecht gebackener Schwelkoks entsteht. Wir sind deshalb dazu übergegangen, die ölhaltige Kohle nach der Entaschung zu brikettieren. Dieser Weg ist einfach und nützt den Ölgehalt des Gutes als Bindemittel aus. Wenn auch die erhaltenen Briketts keine große Festigkeit aufweisen, so genügt aber diese primitive Verformung, um das Schwelgut stückig in den Ofen zu bringen. Gleichzeitig erreicht man eine Verkürzung der Schweldauer, da der Wärmeübergang besser ist. Alle Schwelversuche werden gleichmäßig bei 600°C in 3 Stunden durchgeführt.

Da es vor allem interessant ist, ein Bild zu erhalten, welche Änderung das Öl hinsichtlich seines Siedeverhaltens bei der Schwelung erfährt, haben wir zunächst in einem Modellversuch Schwelkoks in Mischung mit diesem Öl bei 600° geschwelt. Abgesehen davon, daß ein Teil des Öles zu Gas wird, weicht der bei diesem Versuch erhaltene Teer in seinen Eigenschaften wesentlich von dem Ausgangsöl ab; wie die Tabelle 8 zeigt, sieden bei diesem Öl unter 200°C bereits 13 %.

Forschungsberichte des Wirtschafts- und Verkehrsministeriums Nordrhein-Westfalen

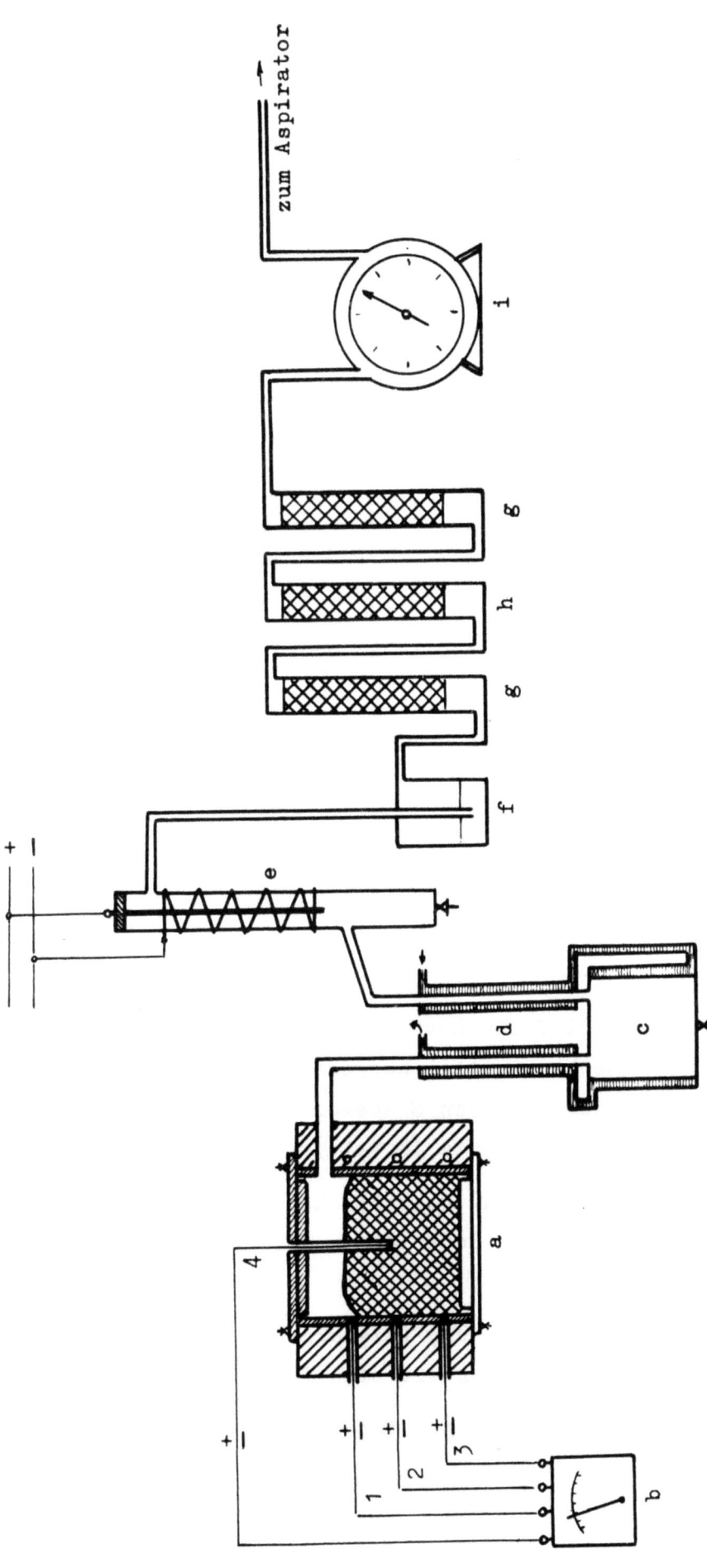

Versuchsschwelretorte (Krupp) für 4-kg-Ansätze

a Elektrisch geheizter Schwelofen mit 4   e Elektroentteerer
  Temperaturmeßstellen   f - h Gasreinigung u. Trocknung
b Millivoltmeter   i Gasuhr
c und
d Kühlung und Kondensation

Tabelle 8
Siedeverhalten verschiedener Öle bzw. Teere

	I Erdölrück- stand aus Wietze	II Schwelteer an Schwel- koks erzeugt	III Schwelteer aus Kohle-Öl-Mischg. 1 : 0,1
Siedebeginn °C	225	75	80
Es destillieren	Vol.%	Vol.%	Vol.%
bis 100°C	-	0,8	1,0
120	-	2,4	3,0
140	-	5,2	6,0
160	-	7,7	9,5
180	-	8,9	13,5
200	-	13,0	18,0
220	-	15,0	21,0
240	-	17,0	25,7
260	-	21,2	28,5
280	2,7	26,0	32,5
300	15,0	33,0	40,0
320	40,0	36,0	46,0
340	89,0	55,0	61,0

Bei der Schwelung eines Kohle-Öl-Gemisches (Trockenschlamm : Öl = 1 : 0,1), das mit demselben Öl als Entaschungsmittel hergestellt worden war, erhält man ein Öl-Schwelteergemisch, dessen Siedeverhalten aus III hervorgeht. Es zeigt sich, daß bis 200° bereits 18 Vol.% übergehen.

Aus diesen Zahlen geht hervor, daß eine beachtliche Bildung von tiefsiedenden Kohlenwasserstoffen bei der Schwelung von Kohle-Öl-Mischungen stattfindet.

Über die Schwelung einer Kohle-Öl-Mischung (Bismarck-Schlamm, und zwar Trockenschlamm : Öl = 1 : 0,1) erhielten wir etwa folgendes Bilanzbild:

Für die Herstellung von 1 t Koks bei obigem Ansatz werden gebraucht:

Tabelle 9

Trockenschlamm	kg	1380
= Rohschlamm mit 30 % H_2O	"	1970
Wietzeöl	"	138
an Teer (+ Öl) wurden gewonnen	"	169,4
es bleibt also ein Teerüberschuß	"	31,4

Aus diesem Überblick ergibt sich also, daß bei diesem Ansatz außer dem hineingesteckten Öl zusätzlich etwa auf Kohle bezogen rund 3 % Teer gewonnen werden, wobei gleichzeitig die insgesamt gewonnenen flüssigen Schwelprodukte wertvoller sind als das Ausgangsöl.

In weiteren Versuchen sind statt Heizöl Topprückstände von Schwelteeren zur Aufbereitung der Kohlenschlämme benutzt worden. Einmal, weil es chemisch interessant ist, das Schwelverhalten solcher Topprückstände wegen ihrer Zusammensetzung zu klären, zum anderen, um zu beweisen, daß die Gesamtanlage bei mangelndem Heizölangebot oder aus Preisgründen ohne Fremdölzufuhr arbeiten kann. Wir haben also eine Serie von Schwelversuchen mit Bismarck-Kohlenschlämmen durchgeführt, die mit Schwelteer-Topprückständen entwässert und entascht worden sind. Nach der Schwelung wird der anfallende Teer bei 280°C getoppt, und der Rückstand dient zur Entwässerung und Entaschung von neuem Schwelgut.

In der Tabelle 9 sind die Ergebnisse eines solchen Versuches, bezogen auf die Tonne Schwelkoks, angegeben und in Abbildung 16 ist das Fließbild des Verfahrens dargestellt. Es läßt sich daraus ersehen, daß die Kombination des Convertol-Verfahrens (Entwässerung und Entaschung von Kohlenschlämmen) mit der Schwelung der ölbenetzten Kohle, wenn diese hinreichende Schwelteermengen ergibt, durchaus gewinnbringend erscheint, weil Fremdöl nicht angekauft zu werden braucht. Als Verkaufsprodukte würden allein Schwelkoks, die tieferen Fraktionen des Teeres und Gas erscheinen.

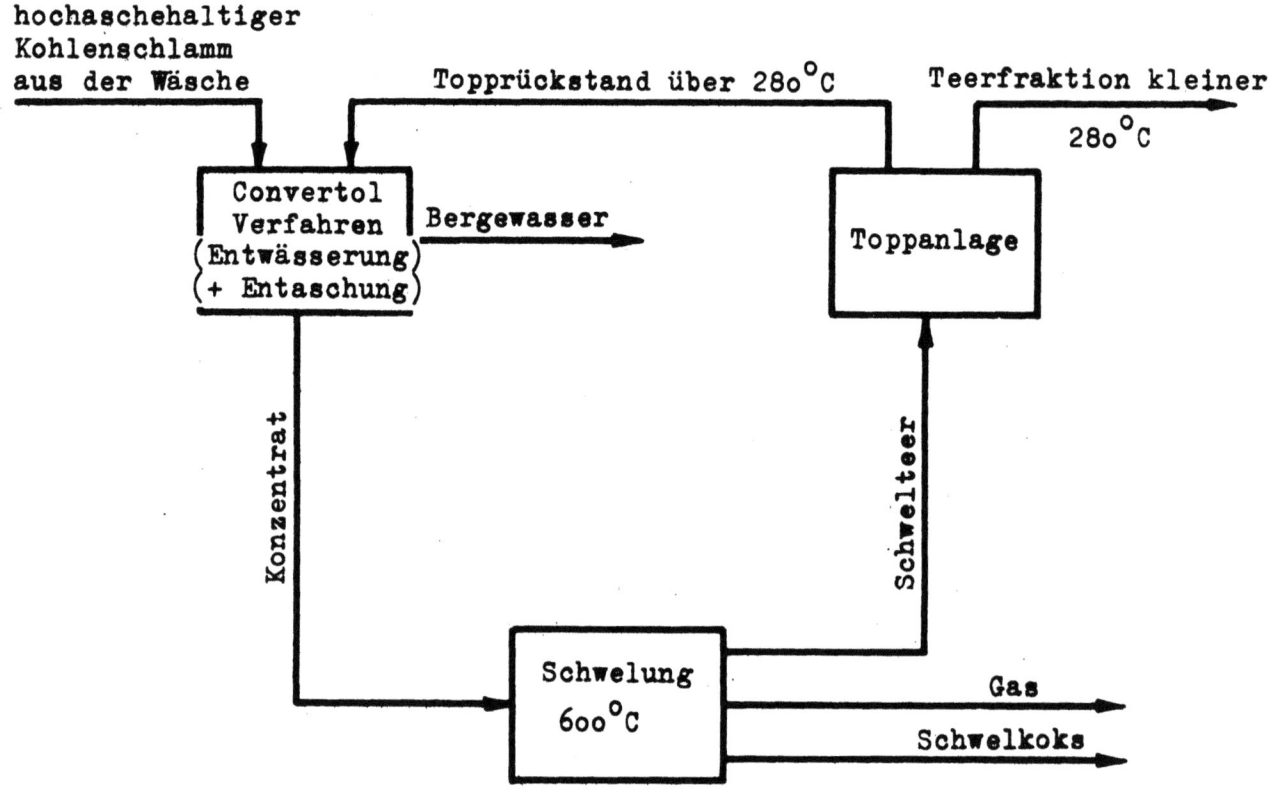

A b b i l d u n g 16

Darstellung der Kreislaufschwelung

Verkaufsprodukte sind Gas, Schwelkoks und die Teerfraktion bis 280°C.

Tabelle 1o

2,o t	Rohschlamm	mit 25 % H_2O
o,11 t	Schwelteer	>285°
	convertiert u. geschwelt	
1,o t	Koks	
o,19 t	Teer	
Davon o,11 t	Teer >285°C siedend, zurück zur Convertol-Anlage	
o,o8 t	Teerüberschuß, davon	
o,o6 t	>28o° siedend	

Um alle mit der Schwelung zusammenhängenden Fragen zu klären, laufen auf dem Versuchsstand Langenbrahm gegenwärtig Schwelversuche in halbtechnischem Maßstab mit dem großen Schwelofen.

Leiter der Gesellschaft für Kohlentechnik mbH.

Dr. OTTO GROSSKINSKY

FORSCHUNGSBERICHTE DES WIRTSCHAFTS- UND VERKEHRSMINISTERIUMS NORDRHEIN-WESTFALEN

Herausgegeben von Ministerialdirektor Prof. Leo Brandt

Heft 1:
Prof. Dr.-Ing. Eugen Flegler, Aachen,
Untersuchungen oxydischer Ferromagnet-Werkstoffe

Heft 2:
Prof. Dr. phil. Walter Fuchs, Aachen,
Untersuchungen über absatzfreie Teeröle

Heft 3:
Techn.-Wissenschaftl. Büro für die Bastfaserindustrie, Bielefeld,
Untersuchungsarbeiten zur Verbesserung des Leinenwebstuhls

Heft 4:
Prof. Dr. E. A. Müller u. Dipl.-Ing. H. Spitzer, Dortmund,
Untersuchungen über die Hitzebelastung in Hüttenbetrieben

Heft 5:
Dipl.-Ing. Werner Fister, Aachen,
Prüfstand der Turbinenuntersuchungen

Heft 6:
Prof. Dr. phil. Walter Fuchs, Aachen,
Untersuchungen über die Zusammensetzung und Verwendbarkeit von Schwelteerfraktionen

Heft 7:
Prof. Dr. phil. Walter Fuchs, Aachen,
Untersuchungen über emsländisches Petrolatum

Heft 8:
Maria Elisabeth Meffert und Heinz Stratmann, Essen
Algen-Großkulturen im Sommer 1951

Heft 9:
Techn.-Wissenschaftl. Büro für die Bastfaserindustrie, Bielefeld,
Untersuchungen über die zweckmäßige Wicklungsart von Leinengarnkreuzspulen unter Berücksichtigung der Anwendung hoher Geschwindigkeiten des Garnes
Vorversuche für Zetteln und Schären von Leinengarnen auf Hochleistungsmaschinen

Heft 10:
Prof. Dr. Wilhelm Vogel, Köln,
„Das Streifenpaar" als neues System zur mechanischen Vergrößerung kleiner Verschiebungen und seine technischen Anwendungsmöglichkeiten

Heft 11:
Laboratorium für Werkzeugmaschinen und Betriebslehre, Technische Hochschule Aachen,
1. Untersuchungen über Metallbearbeitung im Fräsvorgang mit Hartmetallwerkzeugen und negativem Spanwinkel
2. Weiterentwicklung des Schleifverfahrens für die Herstellung von Präzisionswerkstücken unter Vermeidung hoher Temperaturen
3. Untersuchung von Oberflächenveredlungsverfahren zur Steigerung der Belastbarkeit hochbeanspruchter Bauteile

Heft 12:
Elektrowärme-Institut, Langenberg (Rhld.),
Induktive Erwärmung mit Netzfrequenz

Heft 13:
Techn.-Wissenschaftl. Büro für die Bastfaserindustrie, Bielefeld,
Das Naßspinnen von Bastfasergarnen mit chemischen Zusätzen zum Spinnbad

Heft 14:
Forschungsstelle für Acetylen, Dortmund,
Untersuchungen über Aceton als Lösungsmittel für Acetylen

Heft 15:
Wäschereiforschung Krefeld,
Trocknen von Wäschestoffen

Heft 16:
Max-Planck-Institut für Kohlenforschung, Mülheim a. d. Ruhr,
Arbeiten des MPI für Kohlenforschung

Heft 17:
Ingenieurbüro Herbert Stein, M. Gladbach,
Untersuchung der Verzugsvorgänge in den Streckwerken verschiedener Spinnereimaschinen. 1. Bericht: Vergleichende Prüfung mit verschiedenen Dickenmeßgeräten

Heft 18:
Wäschereiforschung Krefeld,
Grundlagen zur Erfassung der chemischen Schädigung beim Waschen

Heft 19:
Techn.-Wissenschaftl. Büro für die Bastfaserindustrie, Bielefeld,
Die Auswirkung des Schlichtens von Leinengarnketten auf den Verarbeitungswirkungsgrad, sowie die Festigkeits- und Dehnungsverhältnisse der Garne und Gewebe

Heft 20:
Techn.-Wissenschaftl. Büro für die Bastfaserindustrie, Bielefeld,
Trocknung von Leinengarnen I
Vorgang und Einwirkung auf die Garnqualität

Heft 21:
Techn.-Wissenschaftl. Büro für die Bastfaserindustrie, Bielefeld,
Trocknung von Leinengarnen II
Spulenanordnung und Luftführung beim Trocknen von Kreuzspulen

Heft 22:
Techn.-Wissenschaftl. Büro für die Bastfaserindustrie, Bielefeld,
Die Reparaturanfälligkeit von Webstühlen

Heft 23:
Institut für Starkstromtechnik, Aachen,
Rechnerische und experimentelle Untersuchungen zur Kenntnis der Metadyne als Umformer von konstanter Spannung auf konstanten Strom

Heft 24:
Institut für Starkstromtechnik, Aachen,
Vergleich verschiedener Generator-Metadyne-Schaltungen in bezug auf statisches Verhalten

Heft 25:
Gesellschaft für Kohlentechnik mbH., Dortmund-Eving,
Struktur der Steinkohlen und Steinkohlen-Kokse

Heft 26:
Techn.-Wissenschaftl. Büro für die Bastfaserindustrie, Bielefeld,
Vergleichende Untersuchungen zweier neuzeitlicher Ungleichmäßigkeitsprüfer für Bänder und Garne hinsichtlich ihrer Eignung für die Bastfaserspinnerei

Heft 27:
Prof. Dr. E. Schratz, Münster,
Untersuchungen zur Rentabilität des Arzneipflanzenanbaues
Römische Kamille, Anthemis nobilis L.

Heft: 28:
Prof. Dr. E. Schratz, Münster,
Calendula officinalis L.
Studien zur Ernährung, Blütenfüllung und Rentabilität der Drogengewinnung

Heft 29:
Techn.-Wissenschaftl. Büro für die Bastfaserindustrie, Bielefeld,
Die Ausnützung der Leinengarne in Geweben

Heft 30:
Gesellschaft für Kohlentechnik mbH., Dortmund-Eving,
Kombinierte Entaschung und Verschwelung von Steinkohle; Aufarbeitung von Steinkohlenschlämmen zu verkokbarer oder verschwelbarer Kohle

Heft 31:
Dipl.-Ing. Störmann, Essen,
Messung des Leistungsbedarfs von Doppelsteg-Kettenförderern

VERÖFFENTLICHUNGEN DER ARBEITSGEMEINSCHAFT FÜR FORSCHUNG DES LANDES NORDRHEIN-WESTFALEN

Im Auftrage des Ministerpräsidenten Karl Arnold
Herausgegeben von Ministerialdirektor Prof. Leo Brandt

Heft 1:
Prof. Dr.-Ing. Friedrich Seewald, Technische Hochschule Aachen,
Neue Entwicklungen auf dem Gebiete der Antriebsmaschinen
Prof. Dr.-Ing. Friedrich A. F. Schmidt, Technische Hochschule Aachen,
Technischer Stand und Zukunftsaussichten der Verbrennungsmaschinen, insbesondere der Gasturbinen
Dr.-Ing. R. Friedrich, Siemens-Schuckert-Werke A.-G., Mülheimer Werk,
Möglichkeiten und Voraussetzungen der industriellen Verwertung der Gasturbine

Heft 2:
Prof. Dr.-Ing. Wolfgang Riezler, Universität Bonn,
Probleme der Kernphysik
Prof. Dr. phil. Fritz Micheel, Universität Münster,
Isotope als Forschungsmittel in der Chemie und Biochemie

Heft 3:
Prof. Dr. med. Emil Lehnartz, Universität Münster,
Der Chemismus der Muskelmaschine
Prof. Dr. med. Gunther Lehmann, Direktor des Max-Planck-Instituts für Arbeitsphysiologie, Dortmund,
Physiologische Forschung als Voraussetzung der Bestgestaltung der menschlichen Arbeit
Prof. Dr. Heinrich Kraut, Max-Planck-Institut für Arbeitsphysiologie, Dortmund,
Ernährung und Leistungsfähigkeit

Heft 4:
Prof. Dr. Franz Wever, Max-Planck-Institut für Eisenforschung, Düsseldorf,
Aufgaben der Eisenforschung
Prof. Dr.-Ing. Hermann Schenck, Technische Hochschule Aachen,
Entwicklungslinien des deutschen Eisenhüttenwesens
Prof. Dr.-Ing. Max Haas, Techn. Hochschule Aachen,
Wirtschaftliche und technische Bedeutung der Leichtmetalle und ihre Entwicklungsmöglichkeiten

Heft 5:
Prof. Dr. med. Walter Kikuth, Medizinische Akademie Düsseldorf,
Virusforschung
Prof. Dr. Rolf Danneel, Universität Bonn,
Fortschritte der Krebsforschung
Prof. Dr. med. Dr. phil. W. Schulemann, Univ. Bonn,
Wirtschaftliche und organisatorische Gesichtspunkte für die Verbesserung unserer Hochschulforschung

Heft 6:
Prof. Dr. Walter Weizel, Institut für theoretische Physik, Bonn,
Die gegenwärtige Situation der Grundlagenforschung in der Physik
Prof. Dr. Siegfried Strugger, Universität Münster,
Das Duplikantenproblem in der Biologie
Prof. Dr. Rolf Danneel, Universität Bonn,
Über das Verhalten der Mitochondrien bei der Mitose der Mesenchymzellen des Hühner-Embryos
Direktor Dr. Fritz Gummert, Ruhrgas A.-G., Essen,
Überlegungen zu den Faktoren Raum und Zeit im biologischen Geschehen und Möglichkeiten einer Nutzanwendung

Heft 7:
Prof. Dr.-Ing. August Götte, Technische Hochschule Aachen,
Steinkohle als Rohstoff und Energiequelle
Prof. Dr. e. h. Karl Ziegler, Max-Planck-Institut für Kohlenforschung Mülheim a. d. Ruhr,
Über Arbeiten des Max-Planck-Instituts für Kohlenforschung

Heft 8:
Prof. Dr.-Ing. Wilhelm Fucks, Technische Hochschule Aachen,
Die Naturwissenschaft, die Technik und der Mensch
Prof. Dr. sc. pol. Walther Hoffmann, Universität Münster,
Wirtschaftliche und soziologische Probleme des technischen Fortschritts

Heft 9:
Prof. Dr.-Ing. Franz Bollenrath, Technische Hochschule Aachen,
Zur Entwicklung warmfester Werkstoffe
Dr. Heinrich Kaiser, Staatl. Materialprüfungsamt Dortmund,
Stand spektralanalytischer Prüfverfahren und Folgerung für deutsche Verhältnisse

Heft 10:
Prof. Dr. Hans Braun, Universität Bonn,
Möglichkeiten und Grenzen der Resistenzzüchtung
Prof. Dr.-Ing. Carl Heinrich Dencker, Universität Bonn,
Der Weg der Landwirtschaft von der Energieautarkie zur Fremdenergie

Heft 11:
Prof. Dr.-Ing. Herwart Opitz, Technische Hochschule Aachen,
Entwicklungslinien der Fertigungstechnik in der Metallbearbeitung
Prof. Dr.-Ing. Karl Krekeler, Technische Hochschule Aachen,
Stand und Aussichten der schweißtechnischen Fertigungsverfahren

Heft: 12
Dr. Hermann Rathert, Mitglied des Vorstandes der Vereinigten Glanzstoff-Fabriken A.-G., Wuppertal-Elberfeld,
Entwicklung auf dem Gebiet der Chemiefaser-Herstellung
Prof. Dr. Wilhelm Weltzien, Direktor der Textilforschungsanstalt Krefeld,
Rohstoff und Veredlung in der Textilwirtschaft

Heft: 13
Dr.-Ing. e. h. Karl Herz, Chefingenieur im Bundesministerium für das Post- und Fernmeldewesen Frankfurt a. Main,
Die technischen Entwicklungstendenzen im elektrischen Nachrichtenwesen
Ministerialdirektor Dipl.-Ing. Leo Brandt, Düsseldorf,
Navigation und Luftsicherung

Heft 14:
Prof. Dr. Burckhardt Helferich, Universität Bonn,
Stand der Enzymchemie und ihre Bedeutung
Prof. Dr. med. Hugo W. Knipping, Direktor der Med. Universitätsklinik Köln,
Ausschnitt aus der klinischen Carcinomforschung am Beispiel des Lungenkrebses

Heft 15:
Prof. Dr. Abraham Esau, Technische Hochschule Aachen,
Die Bedeutung von Wellenimpulsverfahren in Technik und Natur
Prof. Dr.-Ing. Eugen Flegler, Technische Hochschule Aachen,
Die ferromagnetischen Werkstoffe in der Elektrotechnik und ihre neueste Entwicklung

Heft 16:
Prof. Dr. rer. pol. Rudolf Seyffert, Universität Köln,
Die Problematik der Distribution
Prof. Dr. rer. pol. Theodor Beste, Universität Köln,
Der Leistungslohn

Heft 17:
Prof. Dr.-Ing. Friedrich Seewald, Technische Hochschule Aachen,
Die Flugtechnik und ihre Bedeutung für den allgemeinen technischen Fortschritt
Prof. Dr.-Ing. Edouard Houdremont, Essen,
Art und Organisation der Forschung in einem Industriekonzern

Heft 18:
Prof. Dr. med. Dr. phil. W. Schulemann, Universität Bonn,
Theorie und Praxis pharmakologischer Forschung
Prof. Dr. Wilhelm Groth, Direktor des Physikalisch-Chemischen Instituts, Universität Bonn,
Technische Verfahren zur Isotopentrennung

Heft 19:
Dipl.-Ing. Kurt Traenckner, Stellvertr. Vorstandsmitglied der Ruhrgas-A.G., Essen,
Entwicklungstendenzen der Gaserzeugung

Heft 21:
Prof. Dr. phil. Robert Schwarz, Aachen,
Wesen und Bedeutung der Silicium-Chemie
Prof. Dr. Kurt Alder, Universität Köln,
Fortschritte in der Synthese von Kohlenstoffverbindungen

Heft 21 a
Jahresfeier der Arbeitsgemeinschaft für Forschung des Landes Nordrhein-Westfalen am 21. 5. 1952 in Düsseldorf mit Ansprachen des Herrn Bundespräsidenten Professor Dr. Theodor Heuss, des Herrn Ministerpräsidenten Arnold, Frau Kultusminister Teusch, der Herren Professor Dr. Hahn, Professor Dr. Strugger, Vizepräsident Dobbert, Professor Dr. Richter, Professor Dr. Fucks.

Heft 22:
Prof. Dr. Johannes von Allesch, Universität Göttingen,
Die Bedeutung der Psychologie im öffentlichen Leben
Prof. Dr. med. Otto Graf, Max-Planck-Institut für Arbeitsphysiologie, Dortmund,
Triebfedern menschlicher Leistung

Heft 23:
Prof. Dr. phil. Dr. jur. h. c. Bruno Kuske, Universität Köln,
Probleme der Raumforschung
Prof. Dr. Dr.-Ing. e. h. Prager,
Städtebau und Landesplanung

Heft 23 a:
M. Zvegintzov, Wissenschaftliche Forschung und die Auswertung ihrer Ergebnisse. Ziel und Tätigkeit der National Research Development Corporation

Dr. Alexander King, Department of Scientific & Industrial Research, London,
Wissenschaft und internationale Beziehungen

Heft 24:
Prof. Dr. Rolf Danneel, Universität Bonn,
Über die Wirkungsweise der Erbfaktoren
Prof. Dr. K. Herzog, Medizinische Akademie Düsseldorf,
Bewegungsbedarf der menschlichen Gliedmaßengelenke bei der Berufsarbeit

Heft 25:
Prof. Dr. O. Haxel, Heidelberg,
Energiegewinnung aus Kernprozessen
Dr. Dr. Max Wolf, Düsseldorf,
Gegenwartsprobleme der energiewirtschaftlichen Forschung

Heft 26:
Prof. Dr. Friedrich Becker, Universität Bonn,
Ultrakurzwellen aus dem Weltraum, ein neues Forschungsgebiet der Astronomie
Dozent Dr. H. Straßl, Bonn,
Bemerkenswerte Doppelsterne und das Problem der Sternentwicklung

Heft 27:
Prof. Dr. Heinrich Behnke, Universität Münster,
Der Strukturwandel der Mathematik in der ersten Hälfte des 20. Jahrhunderts
Prof. Dr. E. Sperner, Bonn,
Eine mathematische Analyse der Luftdruckverteilungen in großen Gebieten

Heft 28:
Prof. Dr. O. Niemczyk, Aachen,
Die Problematik gebirgsmechanischer Vorgänge im Steinkohlenbergbau
Prof. Dr. W. Ahrens, Krefeld,
Die Bedeutung geologischer Forschung für die Wirtschaft, besonders in Nordrhein-Westfalen

Heft 29:
Prof. Dr. B. Rensch, Münster,
Das Problem der Residuen bei Lernleistungen
Prof. Dr. H. Fink, Köln,
Über Leberschäden bei der Bestimmung des biologischen Wertes verschiedener Eiweiße von Mikroorganismen

Heft 30:
Prof. Dr.-Ing. F. Seewald, Aachen,
Forschungen auf dem Gebiete der Aerodynamik
Prof. Dr.-Ing. K. Leist, Aachen,
Forschungen in der Gasturbinentechnik

Geisteswissenschaften

Heft 1:
Prof. Dr. W. Richter, Bonn,
Die Bedeutung der Geisteswissenschaften für die Bildung unserer Zeit
Prof. Dr. J. Ritter, Münster,
Die aristotelische Lehre vom Ursprung und Sinn der Theorie

Heft 2:
Prof. Dr. J. Kroll, Köln,
Elysium
Prof. Dr. G. Jachmann, Köln,
Die vierte Ekloge Vergils

Heft 3:
Prof. Dr. H. E. Stier, Münster,
Die klassische Demokratie

Heft 4:
Prof. Dr. W. Caskel, Köln,
Lihjan und Lihjanisch. Sprache und Kultur eines früharabischen Königreiches

Heft 5:
Prof. Dr. Th. Ohm, Münster,
Stammesreligionen im südlichen Tanganyika-Territorium. — Religionswissenschaftliche Ergebnisse meiner Ostafrikareise 1951

Heft 6:
Prälat Prof. Dr. G. Schreiber, Münster,
Deutsche Wissenschaftspolitik von Bismarck bis zum Atomphysiker Otto Hahn

Heft 7:
Prof. Dr. W. Holtzmann, Bonn,
Das mittelalterliche Imperium und die werdenden Nationen

Heft 8:
Prof. Dr. W. Caskel, Köln,
Die Bedeutung der Beduinen in der Geschichte der Araber

Heft 9:
Prälat Prof. Dr. G. Schreiber, Münster,
Iroschottische und angelsächsische Kultureinflüsse im Mittelalter

Heft 10:
Prof. Dr. P. Rassow, Köln,
Forschungen zur Reichsidee im 16. und 17. Jahrhundert

Heft 11:
Prof. Dr. H. E. Stier, Münster,
Roms Aufstieg zur Weltherrschaft

Heft 12:
Prof. D. K. H. Rengstorf, Münster,
Zum Problem der Gleichberechtigung zwischen Mann und Frau auf dem Boden des Urchristentums
Prof. Dr. H. Conrad, Bonn,
Grundprobleme einer Reform des Familienrechts

Heft 13:
Professor Dr. Max Braubach, Bonn,
Der Weg zum 20. Juli 1944 — Ein Forschungsbericht

If you have any concerns about our products,
you can contact us on
ProductSafety@springernature.com

In case Publisher is established outside the EU,
the EU authorized representative is:
**Springer Nature Customer Service Center GmbH
Europaplatz 3, 69115 Heidelberg, Germany**

Printed by Libri Plureos GmbH
in Hamburg, Germany